会計の知識不要、現場で使える原価計算の基礎

【新版】中小企業・小規模企業のための

個別製造原価の手引書

株式会社アイリンク
照井清一

基礎編

まえがき

　本書は製造業の個々の製品の原価（個別原価）の計算方法を書いた本です。原価計算の本は数多く出版されていますが、大半が財務会計の原価計算で、個別原価について書かれた本は多くありません。

　多くの経営者が悩むのは「この製品を1個つくるのにいくらかかるのだろうか」ということです。今日では原材料、消耗品、電気代、人件費など様々なものが上がっています。そのため、製品の値上げは避けて通れません。しかし「いくら上げなければならないか」具体的な金額がわかりません。

　あるいは創業社長は勘と経験で「これはいくら」と決めてきたけれど、後継社長はそうはいかないこともあります。

　原価計算が中小企業に難しいのは大企業と同じようにしようとするためです。大企業は個別原価から在庫や仕掛品を集計し、それを元に利益を計算します。これは「企業会計原則に従った正しい原価」でなければなりません。しかし中小企業は、決算での原価計算はこれまでも会計事務所や経理が正しく計算しています。新たに個別原価を計算して財務会計に組み入れてもメリットはありません。

　経営者・管理者にとって原価に必要なのは、次の2点です。

　①「いくらでできるのか」正しく原価を予測し、適切な見積で受注
　　　して利益を確保する
　②「いくらでできたのか」実績原価を把握し、見積をオーバーして
　　　いれば原価低減や値上げ交渉などのアクションを行う

　マンパワーの限られる中小企業は、手間をかけずに原価を計算し、その後の価格交渉やコストダウンに力を入れるべきです。

　そこで決算書からアワーレートを計算することで、簡単に原価を計算できる手法を開発しました。この考え方を記載した「中小企業・小規模企業のための個別製造原価の手引書」【基礎編】【実践編】を2020年に

発売し、累計1,000冊以上を買っていただきました。

　今回、全面的に内容を見直し、よりわかりやすく、使いやすくしました。

【基礎編】
・原価計算、アワーレート計算など基本的な計算方法

【実践編】
・より詳しい計算方法
・設備の大きさによる原価の違い、検査追加の原価の影響などを解説
・原価について管理者が疑問に思っていることを数字で解説

　本書の特徴は以下の3点です。
✓会計の知識がなくてもわかる、わかりやすい内容
✓架空のモデル企業を使って、具体的な数字で説明
✓直感的にわかるように区切りのいい数字にする。
　（正確さよりわかりやすさを重視）例　2,356円 → 2,350円

　モデル企業は、機械加工・組立のA社です。詳細は巻末資料に記載しました。他の業種の方も、自社に置き換えて読んでいただければ参考になると思います。

　また、原価計算のイメージを持っていただくために弊社の原価計算システム「利益まっくす」の画面も掲載しました。

　本書が皆様のお役に立つことを願っています。

目次

なぜ個々の製品の原価が必要なのか？

なぜ個々の製品の原価（以降、個別原価）が必要なのでしょうか？

「たとえ個別原価がわかっても発注先が一方的に値段を決めるので意味がない」

このような意見もあります。しかし、個別原価がわからないことで以下のような問題があります。

1節 「どんどん上がる物価」 個別原価が分からなければ値上げできない

個別原価がわからなければ原材料や光熱費が上がっても、製品がいくら上がっているのかわかりません。なぜなら原材料や光熱費は生産量によって毎月変動するからです。試算表を見ても費用が増えているのは「その月の使用量が増えたため」なのか、「値上げの影響なのか」わかりません。決算になって利益が減ったことで、ようやく値上げの影響がわかります。

鋼材など鉱物資源は世界中で需要が増加し、価格も上昇しています。**図1-1** の厚板16〜25ミリの鋼材の市況価格は、2021年の4月から1年間で40%も上昇しました。

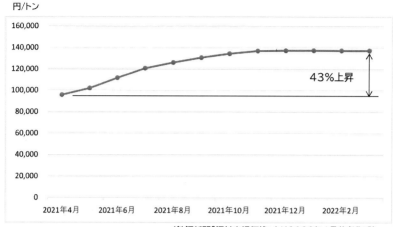

（鉄鋼新聞「鋼材市場価格」より2022年4月著者作成）

図1-1-1　鋼材価格の推移（厚板16 〜 25 ミリの例）

　原油価格は、ウクライナ戦争や産油国の供給調整、投機マネーの流入により大きく変動します。さらに原油や天然ガスは円安の影響も強く受けます。これにより電気代は高騰し、kWh あたりの平均販売単価は、**図1-2** に示すように 2022 年 12 月には 2 年前に比べ 2.5 倍に上昇しました。（中部電力の例）

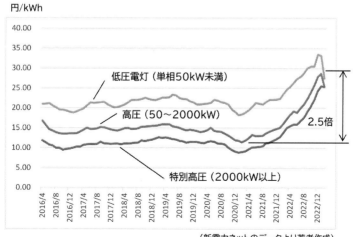

（新電力ネットのデータより著者作成）

図1-1-2　電気平均販売単価の推移（中部電力）

他にも、樹脂や潤滑油など石油を原料とする製品や、刃物などの消耗品、梱包用の段ボール、運送費なども上がっています。

　人件費も上昇しています。**図1-3**に示すように、最低賃金は10年間で26%上昇しました。（例　愛知県）最近は人手不足による賃金上昇が加わっています。

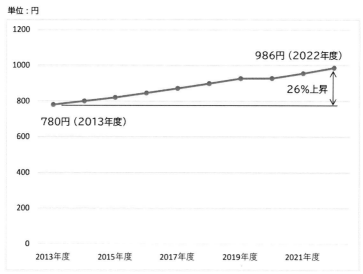

単位：円

986円（2022年度）

26%上昇

780円（2013年度）

厚生労働省のホームページのデータより著者作成

図1-1-3　最低賃金の推移（愛知県）

　このような背景から電気・ガスなどの光熱費、消耗品や運送費などは、随時値上げされています。これに対し交渉の余地はほとんどありません。その分値上げしなければ利益が削られてしまいます。多くの中小企業にとって値上げは喫緊の課題です。

　しかし中には「値上げは無理」とあきらめている会社もあります。しかし材料費や運送費は、交渉のやり方によっては値上げできる可能性があります。

　しかしいくら**個別原価が上がったのかわからなければ値上げ交渉ができません。**

　他にも、個別原価がわからないために起きる問題があります。

⚡2節 「本当はもっと高いかもしれない」実績原価との違い

それは実績原価が見積をオーバーしてもわからないことです。

実績原価が高くなる原因は

- 設備のトラブルや不安定な工程のため、予定より時間がかかった。
- 納期に間に合わないため、製造している製品を止めて別の製品を割り込ませた。そのため段取が2回発生した。
- 作業ミスのため不良品が発生した。
- 顧客から傷の指摘を受け、全数検査を追加した。
- 金型費は製品の価格に上乗せする契約で受注したが、途中で生産が打ち切られた。

など様々です。

実績原価が上がれば利益が減るだけでなく、時には赤字になります。しかし実績原価を把握していなければ、赤字かどうかもわかりません。問題を早く発見し対処するには、実績原価の把握は不可欠です。

一方、多品種少量生産の場合、1個1個製造時間を記録するのは大変です。それでも「ロット毎に生産開始と完了の時間を記録する」などやり方を工夫すれば実績時間の記録は可能です。

⚡3節 今儲かっているかどうかがわかる「ものさし」が必要

つまり個別原価は、**工場がどのくらい儲かっているかどうかを把握する「ものさし」**です。

ものさしがなければ、現場が日々適切な利益を出しているかどうかがわかりません。決算をしてようやく儲かっていないことがわかります。しかしその時は手遅れです。

試算表でもお金の動きはわかりますが、会社全体のお金の動きです。

13

しかも工場の費用は毎月変動します。さらに売上と費用は発生時期もずれます。儲かっているのかどうかは、試算表ではわかりにくいのです。

しかし、実績原価がわかれば生産している製品が「利益を生んでいるのか、赤字になっているのか」わかり、直ちに手を打つことができます。（**図1-4**）

図1-4　個別原価が分からないと問題が放置される

夜間飛行している航空機のパイロットは、機体が上昇しているのか、下降しているのか目視ではわからないといいます。そのためパイロットは計器を見て操縦します。

同様に個別原価は、工場が適正に運営されているのか、高度（利益）を落としているのかを判断する計器なのです。（**図1-5**）

図1-5　個別原価は工場の「ものさし」

4節 「ものさし」を財務会計に使う必要はあるか？

　財務会計において原価計算は重要です。それは個別原価から在庫や仕掛品の金額を計算し、そこから会社の利益を計算するからです。

　そのため、大企業は発生した費用を細かく集計して個別原価を計算します。原価計算は専任の社員が専用のシステムで行います。これは中小企業にとってはとても高いハードルです。

　しかし、決算に必要な原価計算は、今までも会計事務所や税理士が行っています。新たに計算した個別原価を財務会計に使用するメリットは中小企業にはありません。財務会計に使用しようとすれば、会計基準に合わせた複雑な処理をしなければなりません。

　そこに手間をかけるより、個別原価はあくまで製品の収益性を評価する「ものさし」とし、**製造の仕方や見積のやり方を改善することに力を入れた**方が現実的です。

　原価計算は、結果が金額（数字）で出るため、つい手間をかけてしまいます。しかし、「**どれだけ手間をかけてお金を数えてもお金が増えるわけではありません**」。お金を数えるのは最低限（1回）で十分です。あとは**お金を増やすこと（現場の改善）に**努力すべきです。

　この個別原価はどうやって計算するのでしょうか。計算の概要を第2章で説明します。

5節 まとめ

- 材料費、光熱費などの上昇は利益を圧迫。利益の維持には値上げが不可避
- 不良や検査追加で実績原価が高くなっても、実績原価を把握しなければわからない
- 個別原価は工場の収益性を測る「ものさし」、月次決算や試算表ではわからない
- 個別原価を財務会計に使うと処理が複雑になるため、個別原価は「収益性を測るものさし」に限定した方がよい。

6節　コラム　財務会計の原価計算とは？

　財務会計の目的は会社全体の売上や費用を正しく集計し、利益を正しく計算することです。なぜ財務会計で個別原価が重要なのでしょうか。

　それは利益の計算に在庫（完成品、仕掛品）が影響するからです。財務会計の原価計算は「全部原価計算」で行います。全部原価計算では「期末に在庫として残った製品の原価は、その期の費用にならない」というルールです。そのため原価を正しく計算するには在庫の金額を適切に計算しなければなりません。そのためには製品別の実績原価が必要です。

　また原価計算は、生産形態に応じて多くの種類があります。これを**図1-6**に示します。

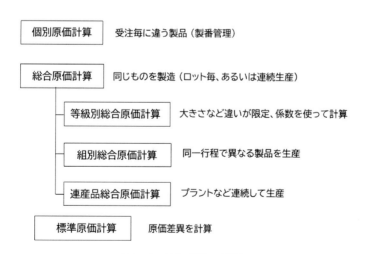

図1-6　原価計算の種類

1) 原価計算の種類

大きく分けると、個別原価計算〈注1〉と総合原価計算があります。

【個別原価計算】

多品種少量生産のように受注毎に計画を立て生産する場合です。受注（製番）毎に製造指図書が発行され、この製造指図書毎に費用を計算します。

> 〈注1〉本書の「個々の製品の原価：個別原価」と原価生産の方法の一つの個別原価計算とは意味が違うので注意してください。

【総合原価計算】

同じ製品を連続して生産する場合、一定期間（例　1か月）に発生した費用から原価を計算します。その場合も「頻繁に製品の切替が発生する」、「ロット毎の費用が容易に計算できる」このような時は、個別原価計算の方が楽なことがあります。

総合原価計算には、

- 単純総合原価計算
- 等級別総合原価計算
- 組別総合原価計算
- 連産品総合原価計算

などの種類があります。

これらを行うにはそれぞれの費用を月別に集計する必要があります。賞与や年度末に支払う費用などは、事前に金額を想定して各月に均等に割り振ります。ある程度の規模の会社ではこういった計算を経理が行いますが、これは小さな会社には大変です。

2）標準原価計算

　前述の個別原価計算や総合原価計算は、実績金額を元にその都度個別原価を計算します。しかし、毎回同じ製品を生産する場合、その都度実績がわからないと原価が計算できないのは不便です。また、「これからつくるものはいくらで売ったらいいのか」もわかりません。

　標準原価計算では「製造原価はこうだろうという予定（標準）」を立て、これに基づいて原価を計算します。

　大量生産の工場は、標準原価計算を行い、標準原価を元に在庫や仕掛品の金額を決めます。しかし、標準原価はあくまで予定金額です。実際に生産した実績原価は標準原価と差があります。これが原価差異です。利益を計算する際は、標準原価で在庫金額を計算し、原価差異を修正します。

第2章 どうやって個別原価を計算するのか

1節 製造原価の計算方法は？

1）会社ではどんな費用が発生するのか？

　製造業では、会社に入ってくるお金は製品の売上です。会社の費用はこの売上から賄われます。この費用が増えれば利益が減少します。つまり会社の費用が増加することは、原価が増えることです。言い換えれば「会社で発生する費用はすべて原価」〈注1〉です。つまり「**ボールペン1本買っても原価は増える**」のです。

　この費用にはどのようなものがあるのでしょうか？

〈注1〉第2章以降は読みやすくするために個別原価を単に「原価」と表記します。

2）発生する費用はすべて決算書に書かれている

　会社に入ってくるお金（売上）と出るお金（費用）、そして残るお金（利益）は、決算書に記載されています。この決算書には**図2-1**に示す損益計算書、製造原価報告書があります。

　（モデル企業A社の構成は巻末資料にあります。）

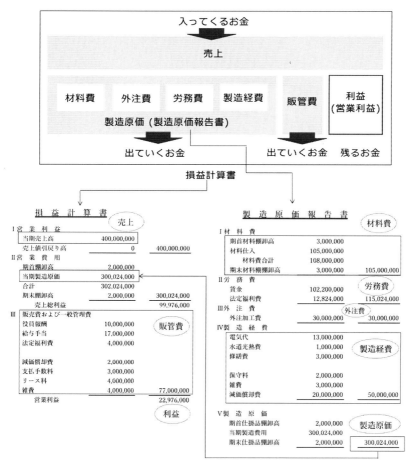

図 2-1　決算書の構成

　この決算書の費用について、以下に説明します。

【材料費】

　材料費は、製造原価報告書の材料費に計上されます。

　材料費は**図 2-2**に示すようなものがあります。

図2-2　材料費

〈原材料〉

　原材料には、原料と材料があります。

・原料

　製造工程で性質が変わるものです。例えば、樹脂原料は粒上のペレットですが、成型機を通すことで樹脂製品に変わります。

・材料

　製造工程で基本的に性質が変わらないものです。鋼材は、加工機で切削することで形は変わりますが、鋼材の性質は変わりません。ただし熱処理をすれば硬さは変わります。しかし硬さ以外は原型も性質もとどめているので、材料のままと考えます。

〈部品〉

　購入した状態のまま使用するものです。部品には、製造先によって購入品（メーカー）、外注品（外注）、内製品（社内）の3種類があります。

　部品の中には、ボルトやピンのように使用量が多く、ひとつの製品に何個使用したのか管理していないものがあります。その場合、材料費でなく工場消耗品（製造経費）とすることもあります。

〈工場消耗品〉

　補修用材料、洗浄剤、オイル、燃料、包装資材など、生産活動に伴って消費されるものです。多くは製品 1 個にどのくらい使用されているのかわかりません。

　あるものが原材料か、工場消耗品なのかは、企業によって変わります。例えば、組立工場では塗料は消耗品ですが、塗装工場では、塗料は原価に占める割合が高いため原材料です。

〈消耗工具器具備品〉

　スパナなどの工具や切削・研削工具などの刃物、測定工具など、資産にならない少額の工具や備品です。機械加工工場は、切削・研削工具の消耗が激しく、これらは材料費とすることもあります。また特定の製品で激しく消耗する工具は、その製品固有の材料費にすることもあります。

　製品 1 個の材料費は以下の式で計算します。

　材料費＝単価×使用量　−（式 2-1）

【外注費】〈注2〉

　メッキ、塗装、焼入れなど製造工程の一部を社外に委託した費用です。大抵の場合、製品 1 個の外注費は明確です。

　一方、外注先に支払う費用がすべて外注費とは限りません。中には、材料費や労務費もあります。これを**図 2-3** に示します。

〈注2〉「外注」は「社内の業務を社外に依頼すること」を意味します。
　　　　一方外注という言葉にネガティブなイメージを持つ方もいるため、
　　　　より丁寧な表現として、「協力会社」「サプライヤー」と呼ぶ企業
　　　　もあります。
　　　　本書では一般的な「社内の業務を社外に依頼すること」という
　　　　意味で「外注」という言葉を使用します。

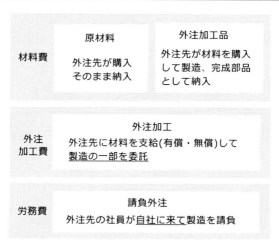

図2-3　外注先に支払う費用とその区分

　外注に支払う費用には以下のものがあります。

〈材料費〉

　• 外注先が仕入れた材料、部品を購入

　• 外注先が購入した材料を外注先が加工し完成部品として納入

　これらは会計上は材料費ですが、外注費に仕分けされることもあります。

〈外注費〉

　外注先に材料（又は半加工品）を支給〈注3〉して、製造の一部を委託し、完成品、又は半加工品として納入。

〈労務費〉

　外注先の社員が自社に来て、自社の工場内で製造の一部を請け負えば、これは派遣社員と同様に労務費です。

　組立工程の一部を外注先に委託した場合、外注先の社内で行えば外注費ですが、外注先の社員が自社に来て作業すれば労務費です。

　外注先に支払った費用でも、このように内容によっては材料費・外注費・労務費です。しかし全部外注費として決算書に計上されていることもあります。財務会計上は問題ありませんが、原価計算では内容に応じて分ける必要があります。

　また受注が増えたため、一部の製品の製造を外注に委託することがあります。その結果、同一製品で内製と外注の2つの原価ができます。この場合、元々内製の製品であれば内製の原価とします。外注に出して原価が上がった場合は、「実績原価が上がった」と考えます。

〈注3〉有償支給と無償支給
　　　　外注先に材料を支給して製造を委託する場合、材料の支給方法には有償支給と無償支給があります。
　　　無償支給：自社が材料を購入し外注先に無償で支給する。外注先
　　　　　　　　には加工費用のみ支払う。
　　　有償支給：外注先が材料を発注先から一度購入し、製品に加工し
　　　　　　　　て納入する。発注先は材料費と加工費用の合計を支払う。
　　　　それぞれ一長一短がありますが、原価を計算する際は以下のように考えます(会計処理とは異なります)。
　　　無償支給：加工費のみを支払うので、これは外注費です。
　　　有償支給：外注先に支払う費用に、材料費と加工費が混在していま
　　　　　　　　す。外注先が支払う材料費は、外注品の納入価格の材料
　　　　　　　　費と相殺されるため、材料費を除いた加工費のみを外注
　　　　　　　　費とします。
　　　　また購入価格よりも高く材料を外注先に売ることがあります。利益が出るような気がしますが、高くなった材料費は、外注品の納入価格に反映され相殺されます。従って利益は変わりません。

【労務費】
　製造原価報告書の労務費は、製造部門や間接部門など工場で働いている人たちの人件費です。
　製品1個つくるのにかかった労務費は、作業者の1時間当たりの

費用（アワーレート（人））に〈注4〉製造時間をかけて計算します。

　労務費＝アワーレート（人）×製造時間

　A社の現場〈注5〉には**図2-4**に示す人たちがいました。

自社が雇用

他社が雇用

図2-4　製造現場の人たち

〈注4〉アワーレートは、チャージ、賃率、ローディングなどと呼ばれる
　　　　こともあります。意味は同じなので本書ではアワーレートとし
　　　　ます。アワーレートの時間単位は、1時間（円/時間）の他、
　　　　1分（円/分）、1秒（円/秒）があります。

〈注5〉本書ではアワーレートを計算する組織の単位を「現場」と呼びま
　　　　す。同じ部署でも設備の種類が異なりアワーレートも異なれば別
　　　　の現場とします。例えば製造1課にマシニングセンタとNC旋盤
　　　　があれば、現場1はマシニングセンタ、現場2はNC旋盤とします。

- 自社が雇用

　正社員、パート社員、実習生

　他にシニア社員を定年後、嘱託やアルバイトとして雇用する場合
　もあります。社長など役員が現場で作業していれば、役員報酬（販
　管費）の一部も原価計算では労務費です。

- 他社が雇用

派遣社員や社内外注・請負

　これらが製造原価の労務費です。一方、**図 2-5** に示す派遣社員や社内外注の費用は、外注費や製造経費に計上されていることもあります。

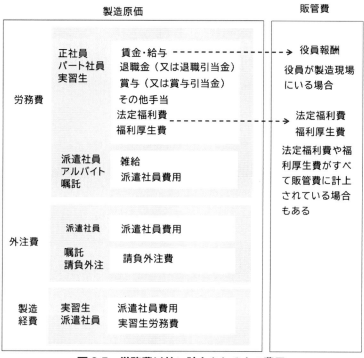

図 2-5　労務費以外に計上される人の費用

① 　自社で雇用する人の費用の内訳

　正社員、パート社員、実習生、嘱託・アルバイトなど、自社が直接雇用する人の費用には以下のものがあります。

- 賃金・給与
- 退職金（又は退職引当金）
- 賞与（又は賞与引当金）
- その他手当

- 法定福利費
- 福利厚生費
- 雑給

　法定福利費や福利厚生費は、製造原価と販管費を分けずに、すべて販管費に計上されていることもあります。また実習生に関する費用は労務費でなく製造経費の場合もあります。

② 　派遣社員、社内外注など他社が雇用する費用

　派遣社員の費用は、企業によって労務費、外注費、製造経費など計上の仕方が異なります。

　また社内外注や請負は、外注費に計上されることがあります。その場合、外注先が社内外注と加工外注の両方を行っていれば、加工外注の費用と社内外注の費用が一緒になっています。原価計算では、外注費と労務費に分けます。

　このように原価計算では人の費用は、決算書の費目を確認して適切に分類します。

【製造経費】

　工場で発生する費用の内、材料費、労務費、外注費以外は、製造経費です。ただし、総務、経理や営業など、製造に直接関係しない費用は販管費です。製造経費には**図2-6**に示すようなものがあります。

図2-6　製造経費

【販管費】

　販管費（販売費及び一般管理費）は、会社で発生する費用のうち製造に直接関係しない費用です。これは**図 2-7** に示すものがあります。

　製造に直接関係しない費用とは何でしょうか。これは以下の2つです。

- 販売費　商品や製品を販売するための費用「販売費」
- 一般管理費　会社全般の業務の管理活動にかかる費用「一般管理費」

図 2-7　販管費

　工場では日々これらの費用が発生します。原価を計算するためには、これらの費用を元に製品1個あたりの原価を計算しなければなりません。この原価の構成はどうなっているのでしょうか。

2節　製造原価の計算

1）製造原価の構成

図 2-8 にA社　A1 製品の製造原価を示します。

図 2-8　A1製品の製造原価の構成

　A1製品は、材料費330円、外注費50円、製造費用380円でした。
製造原価は、材料費、外注費、製造費用の合計760円でした。
　製造費用380円の内訳は、直接製造費用（人）、直接製造費用（設備）、
間接製造費用です。

【直接製造費用】

　製品を製造するのに直接携わった人や設備の費用で、その中で製品
1個製造するのにどのくらい発生したのか、はっきりとわかる費用で
す。これには人と設備の費用があります。

　直接製造費用（人）　　：人が直接関与して製造した費用

　直接製造費用（設備）：設備が直接関与して製造した費用

【間接製造費用】

　物流や資材受入など製造に間接的に関わった人の費用です。加えて
工場で発生する様々な費用（製造経費）も間接製造費用です。また製
造に直接かかわった費用でも、製品1個にどのくらいかかったのか正
確にわからなければ、間接製造費用とします。

2) 直接製造費用（人）とアワーレート（人）

直接製造費用（人）は、以下の式で計算します。

直接製造費用（人）＝製造時間（人）×アワーレート（人）‒（式 2-2）

　製造時間（人）　：製品 1 個を製造するのにかかった人の時間

　アワーレート(人)：作業者 1 人が 1 時間作業した時に発生する費用

アワーレート（人）の計算は第 3 章で説明します。

3) 設備の直接製造費用とアワーレート （設備）

直接製造費用（設備）は、製造にかかった設備の費用です。

直接製造費用（設備）＝製造時間（設備）×アワーレート（設備）‒（式 2-3）

　製造時間（設備）：製品 1 個を製造するのにかかった設備の時間

　アワーレート(設備)：設備 1 台が 1 時間稼働した時に発生する費用

アワーレート（設備）の計算は第 5 章で説明します。

　例として、A 社の現場毎のアワーレート（人）、アワーレート（設備）を**表 2-1** に示します。

表 2-1　A社の現場毎のアワーレート　　　単位：円 / 時間

	アワーレート（人）	アワーレート（設備）
マシニングセンタ 1(小型)	2,380	900
マシニングセンタ 2(大型)	2,380	1,800
NC 旋盤	2,380	700
ワイヤーカット	2,250	400
出荷検査	1,720	–
組立	1,530	–
設計	2,750	–

　現場によって、人件費や設備の費用が異なります。そのため、アワーレート（人）、アワーレート（設備）も現場によって異なります。

4) 多品種少量生産では段取時間も見積に入れる

段取とは、品種の切替のことです。〈注6〉

> 〈注6〉 段取は、大きく分けて以下の 2 種類があり内容は異なります。
>   (1) (すでに実績のある) 品種の切替
>   (2) (過去に実績のない) 製品の生産準備
>
>   (1) の段取は、金型、材料、刃物、加工治具の交換、加工プログラムの切替、テスト加工と品質確認などです。
>   (2) の段取は、(1) に加え加工プログラムの作成やテスト加工、プログラムの修正などです。
>   プレス加工、樹脂成形加工のような量産工場は、段取は (1) を指します。段取の手順は決まっているので、できる限り早く行う必要があります。
>   一方多品種少量生産や単品生産の工場は、段取は (2) のこともあります。
>   初めて製造する場合、プログラムや加工条件が適切でなければ不良品をつくってしまいます。従ってスピードだけでなく、適切な作業が求められます。

製品 1 個当たりの段取時間は

$$1 個当たりの段取時間 = \frac{1 回の段取時間}{ロット数} - (式 2\text{-}4)$$

従って、ロット数が多ければ 1 個当たりの段取時間は短くなります。
　段取も含めた製造時間は、1 個当たりの段取時間と 1 個の加工時間の合計です。

$$1 個の製造時間 = \frac{1 回の段取時間}{ロット数} + 加工時間 - (式 2\text{-}5)$$

5) 間接製造費用も原価の一部、しかも割合は高い

　製造業は、材料を仕入れて製品に加工する事業です。例えば A 社は材料を 330 円で仕入れ外注に 50 円払って加工してもらいました。それを社内で A1 製品に加工して 1,000 円で顧客に納入しました。(**図**

2-9）この時、工場が生み出した付加価値は、製品の価格 1,000 円から社外に払った費用（材料費と外注費の合計）380 円を引いた 620 円です。

付加価値＝売上－社外に払った費用

図 2-9 付加価値

この付加価値を生む人が直接作業者です。工場にはこの直接作業者以外に、ものを運んだり、生産管理といった付加価値を直接生まない人もます。その人たちを本書では間接作業者と呼びます。間接作業者の費用は間接製造費用です。

多くの設備は「削る、穴を開ける」などの付加価値を生みます。こういった設備は直接製造設備です。また設備には常時生産に使用され付加価値を生む設備以外に、たまにしか使われない設備もあります。

例えば、製品のひずみ取りに使用する油圧プレスは、製品にひずみが出た時だけ使用されます。製造工程が安定してひずみが出なければ使いません。

本書では、このような設備を「補助的に使用する設備」と呼びます。補助的に使用する設備は、どの製品にどのくらい使われたのか正確にわかりません。そのため、このような設備の費用は間接製造費用です。

言い換えると付加価値を生まない人や設備は「**稼いでいない**」人や設備です。しかし稼いでいない人や設備も良い製品をつくるには必要です。ただし、**稼いでいない人や設備が増えれば、原価が高くなります。**

この間接製造費用を**図 2-10** に示します。

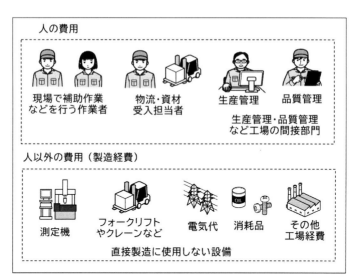

図2-10　間接製造費用

【人の費用（労務費）】

- 現場で生産準備や後処理など補助作業を行う作業者
- 現場の管理者
- 倉庫や工場内の物流（フォークリフトの運転）を行う作業者
- 生産管理、品質管理など間接部門

【人以外の費用（製造経費）】

- 現場にある直接製造設備以外の設備（補助的に使われる設備）
- 測定機、フォークリフトなど間接部門の設備
- クレーン、空調機など工場の共用設備
- 工場の光熱費、借地代、税金などの費用

　これらの間接製造費用も原価の一部です。そこでこれらの費用も製品の原価に組み込みます。

　では、どうやって間接製造費用を原価に組み込むのでしょうか。

6）間接製造費用の分配1　製品に直接分配

　最も簡単な方法は直接製造費用に何らかのルールで分配〈注7〉する方法です。

〈注7〉本書では、間接製造費用を割り振ることを「分配」と呼びます。
　　　　会計では割り振ることを「配賦」と呼びます。この配賦も「割り
　　　　当てる」という意味です。会計では「配賦」のほかに「賦課」と
　　　　いう言葉もあり、以下のように使い分けています。
　　　　配賦：製造原価を計算する際に、間接費を何らかの基準（配賦基
　　　　　　　準）を用いて振り分けること
　　　　賦課：製造原価を計算する際に、「何に」「どれだけ」使ったのか
　　　　　　　がわかる直接費を振り分けること
　　　　「直接費は賦課して、間接費は配賦する」という表現します。
　　　　しかし、本書では難しい会計用語を用いず、一般的な「分配」を
　　　　使用します。

　原価計算の本には、分配基準の例として以下のものがあります。
- 直接材料費
- 直接労務費
- 直接製造費用
- 直接活動時間
- 機械稼働時間
- 生産量
- 売上高

　これらの分配基準は一長一短があります。例えば「直接材料費に比例して分配する方法」は、製品によって材料費の比率が異なると間接製造費用が変わってしまいます。

　そこで本書はこのような問題の比較的少ない「直接製造費用に比例する方法」を使用します。直接製造費用に対する間接製造費用の比率を、本書は「間接費レート」と呼びます。間接費レートは、決算書の直接製造費用合計と間接製造費用合計から計算します。

$$間接費レート = \frac{先期の間接製造費用}{先期の直接製造費用} - (式 2\text{-}6)$$

間接製造費用は、直接製造費用に間接費レートをかけて計算します。

間接製造費用＝直接製造費用×間接費レート

製造費用は、直接製造費用と間接製造費用の合計です。

製造費用＝直接製造費用＋間接製造費用
　　　　＝直接製造費用×（1＋間接費レート）－（式 2-7）

　この方法は、どの製品も直接製造費用に比例して間接製造費用を計算します。しかし現場によっては間接製造費用がたくさん発生した現場とそうでない現場があります。その場合、次の方法で間接製造費用を各現場に分配して原価を計算します。

7）間接製造費用の分配 2　各現場に分配

　間接製造費用を部門別に計算し、各現場に分配する方法です。例えばA社では、資材発注部門は、原材料を使う加工や組立の現場には関係しますが、検査や設計には関係しません。そこで資材発注部門の費用は、加工と組立の現場に分配します。

　このようにして各現場の直接製造費用と間接製造費用を計算し、その合計からアワーレートを計算します。これを**図 2-11** に示します。

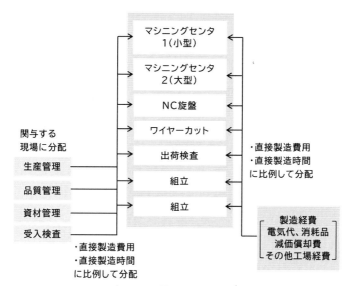

図 2-11　間接製造費用の分配

財務会計では、この部門別の費用の計算は以下のように行います。

① 水道光熱費、消耗品費、修繕費などを各現場と間接部門に分配する

② 共用部の減価償却費、保険料、賃借料など共用部の費用を何らかの分配基準で各現場と間接部門に分配する。(分配基準の例 人数、床専有面積、光熱費など)

③ 間接部門の費用を各現場に分配

　実際は、消耗品費や水道光熱費などは、各現場や間接部門がどれだけ使っているのか正確にはわかりません。またこれらの費用を各現場や部門に分配しても金額は低いので、そこに労力をかけてもメリットは多くありません。

　そこで本書は、間接製造費用(製造経費と間接部門費用)は各現場の「直接時間」、または「直接製造費用」に比例して分配します。例えば、A社の資材発注の費用は、加工と組立の各現場それぞれの直接製造費

用に比例して分配します。ただし特定の現場が多く消費している費用があれば、その現場の費用を増やします。

　こうして計算した間接製造費用分配と人（又は設備）の年間費用を現場毎に合計し、稼働時間で割ってアワーレートを計算します。なお本書は、年間費用から計算したアワーレートと、年間費用と間接製造費用の合計から計算したアワーレートを区別するために、これをアワーレート間（人）、アワーレート間（設備）と表記します。

アワーレート間（人）

$$= \frac{\text{人の年間費用合計＋間接製造費用分配}}{\text{直接作業者の稼働時間合計}} \quad -（式 2\text{-}8）$$

アワーレート間（設備）

$$= \frac{\text{設備の年間費用合計＋間接製造費用分配}}{\text{直接設備の稼働時間合計}} \quad -（式 2\text{-}9）$$

　アワーレート間（人）、アワーレート間（設備）の計算方法は第6章で説明します。

　間接製造費用を含んだ製造費用は以下の式で計算されます。

製造費用（人）＝アワーレート間（人）×製造時間（人）-（式 2-10）

製造費用（設備）＝アワーレート間（設備）×製造時間（設備）-（式 2-11）

製造費用（人＋設備）＝製造費用（人）＋製造費用（設備）

　本書では、製造費用は製造費用（人＋設備）を指します。もし人と設備が同じ時間製造すれば、製造費用は以下の式になります。

製造費用＝（アワーレート間（人）＋アワーレート間（設備））×製造時間
　　　　＝（アワーレート間（人＋設備））×製造時間 -（式 2-12）

　ここでアワーレート（人＋設備）は、アワーレート間（人）とアワーレート間（設備）を合計したものです。

この方法で計算した A 社のアワーレート間（人）、アワーレート間（設備）を**表 2-2** の右側に示します。

表 2-2　アワーレート間（人）、アワーレート間（設備）　　単位：円 / 時間

	アワーレート		アワーレート間	
	人	設備	人	設備
マシニングセンタ 1（小型）	2,380	900	3,360	1,720
マシニングセンタ 2（大型）	2,380	1,800	3,420	2,850
NC 旋盤	2,380	700	3,150	1,470
ワイヤーカット	2,250	400	2,400	※ 550 (890)
出荷検査	1,720	−	2,350	−
組立	1,530	−	1,920	−
設計	2,750	−	3,220	−

※　ワイヤーカットは段取のアワーレート、（）内は加工のアワーレート

マシニングセンタ 1（小型）の現場のアワーレート間（人）は、
　（直接製造費用のみの）アワーレート（人）　　：2,380 円 / 時間
　（間接製造費用を含めた）アワーレート間（人）：3,360 円 / 時間
間接製造費用を含めると 980 円 / 時間増加しました。
アワーレート間（設備）は、
　（直接製造費用のみの）アワーレート（設備）　　：900 円 / 時間
　（間接製造費用を含めた）アワーレート間（設備）：1,720 円 / 時間
間接製造費用を含めると 820 円 / 時間増加しました。

1）製造原価の計算

複数の工程で製造する場合は、各工程の製造費用を合計します。
図 2-12 に複数の工程で製造した A 社　A2 製品の例を示します。

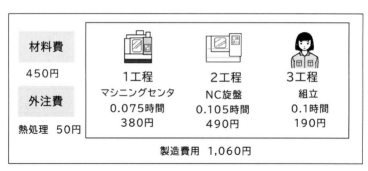

製造原価 1,560円

図 2-12　複数工程での原価

3工程の製造費用の合計は 1,060 円でした。

製造原価は製造費用に材料費と外注費を加えたものです。

製造原価＝材料費＋外注費＋製造費用　–（式 2-13）

図 2-12 は、材料費 450 円、外注費 50 円なので、

製造原価＝ 450 ＋ 50 ＋ 1,060
　　　　＝ 1,560 円

製造原価は 1,560 円でした。

2）見積金額の計算

販管費は製造原価に一定の比率（販管費レート）をかけて計算します。

販管費＝製造原価×販管費レート　–（式 2-14）

製造原価に販管費を加えたものを本書では「販管費込み原価」と呼びます。（会計では「総原価」と呼びます。）

販管費込み原価＝製造原価＋販管費　–（式 2-15）

見積金額は、販管費込み原価に目標利益を加えたものです。

　目標利益は、販管費込み原価に「販管費込み原価利益率」をかけて
計算します。

　目標利益＝販管費込み原価×販管費込み原価利益率　-（式 2-16）
　見積金額＝販管費込み原価＋目標利益　-（式 2-17）

　販管費込み原価利益率の計算については、第 6 章で説明します。
　A 社　A1 製品（マシニングセンタ 1（小型）で製造）の原価、販管
費、目標利益を**図 2-13** に示します。

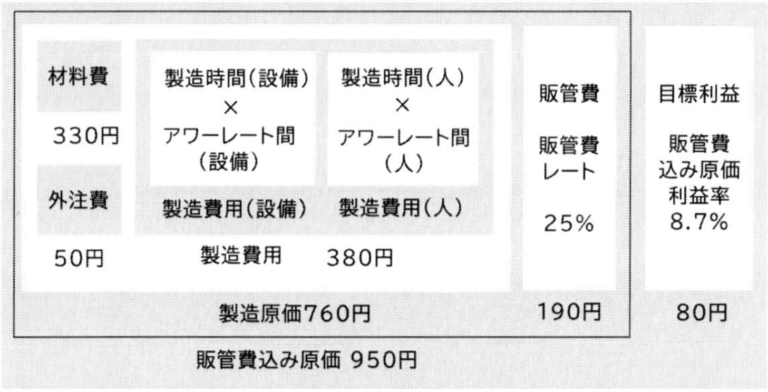

見積金額 1,030 円

図 2-13　見積金額

A 社は、販管費レート 25%、販管費込み原価利益率は 8.7% でした。

販管費＝製造原価×販管費レート
　　　＝ 760 × 0.25
　　　＝ 190 円
販管費込み原価＝製造原価＋販管費
　　　　　　　＝ 760 ＋ 190
　　　　　　　＝ 950 円
目標利益＝販管費込み原価×販管費込み原価利益率
　　　　＝ 950 × 0.087
　　　　＝ 83 ≒ 80 円

見積金額＝販管費込み原価＋目標利益
　　　　＝ 950 ＋ 80
　　　　＝ 1,030 円

見積金額は 1,030 円でした。

アワーレートはどうやって計算するのでしょうか。アワーレート（人）の計算方法は第 3 章で説明します。

3節　まとめ

- 材料費は、

  原材料、部品、工場消耗品、消耗工具器具備品

  材料費は、直接材料費と間接材料費に分類される。

- 外注に払う費用

  材料費、外注加工費、労務費

- 労務費

  社内人員（正社員、パート社員、嘱託・アルバイト、役員）

  社外人員（派遣社員、社内請負外注）

- 他には製造経費と販管費、製造経費は製造原価に含まれる。

材料費＝単価×使用量　 − （式 2-1）

直接製造費用（人）＝製造時間（人）×アワーレート（人）

$$− （式 2-2）$$

直接製造費用（設備）＝製造時間（設備）×アワーレート（設備）

$$− （式 2-3）$$

$$1 個当たりの段取時間 ＝ \frac{1 回の段取時間}{ロット数} − （式 2-4）$$

$$1 個当たりの製造時間 ＝ \frac{1 回の段取時間}{ロット数} ＋ 加工時間 − （式 2-5）$$

$$間接費レート ＝ \frac{先期の間接製造費用}{先期の直接製造費用} − （式 2-6）$$

製造費用＝直接製造費用×（1＋間接費レート）− （式 2-7）

アワーレート間（人）

$$= \frac{人の年間費用合計＋間接製造費用分配}{直接作業者の稼働時間合計} \quad -（式 2\text{-}8）$$

アワーレート間（設備）

$$= \frac{設備の年間費用合計＋間接製造費用分配}{直接設備の稼働時間合計} \quad -（式 2\text{-}9）$$

製造費用（人）＝アワーレート間（人）×製造時間（人）－（式 2-10）

製造費用（設備）＝アワーレート間（設備）×製造時間（設備）－（式 2-11）

製造費用（人＋設備）＝アワーレート間（人＋設備）×製造時間 －（式 2-12）

製造原価＝材料費＋外注費＋製造費用－（式 2-13）

販管費＝製造原価×販管費レート－（式 2-14）

販管費込み原価＝製造原価＋販管費－（式 2-15）

目標利益＝販管費込み原価×販管費込み原価利益率－（式 2-16）

見積金額＝販管費込み原価＋目標利益－（式 2-17）

コラム
4節　製造業と小売業は値段の決め方が違う

この価格の決め方は、受注生産の製造業と小売業では異なります。

1）小売業の場合

「商品を仕入れて売る小売業」の場合、利益は**図 2-14** に示すように販売価格から原価（仕入原価）を引いた粗利（売上総利益）です。**図 2-14** のお店は簡単にするために商品を1種類だけ扱っているとします。

図2-14　小売業の売価と利益

商品の仕入れと販売価格は、**図 2-14a** に示すように

仕入　　　：760 円
販売価格：1,000 円

粗利＝販売価格－仕入＝ 1,000 － 760 ＝ 240 円

この商品を1年間で1万個販売しました。年間の売上、仕入、粗利は、**図 2-14b** に示すように

　　売上：1,000 万円

　　仕入：760 万円

　　粗利：240 万円

お店の運営や人件費などの費用（販管費）が年間 190 万円かかりました。利益は

　利益＝粗利－販管費

　　　＝ 240 － 190

　　　＝ 50 万円

従って製品 1 個の利益は

$$1 個の利益 = \frac{全体の利益}{販売数} = \frac{500,000}{10,000} = 50 円$$

2）受注生産の製造業の場合

受注生産の製造業では、顧客の引き合いに対し原価を予測し見積をつくります。この原価は、製造業は仕入原価でなく製造原価です。製造業の受注金額と利益を**図 2-15a** に示します。この工場は 1 種類の製品のみを 1,000 円で受注し、年間 1 万個納入しました。

a. 製品1個あたり

受注金額 1,000円

b. 年間合計

売上 1,000万円　　1個1,000円で1万個納入

図2-15　製造業の場合

　　受注金額：1,000 円

　　製造原価：760 円

　粗利＝受注金額−製造原価＝ 1,000 − 760 ＝ 240 円

　製造原価 760 円の内訳は

　　材料費　 ：330 円

　　外注費　 ：50 円

　　製造費用：380 円

　年間の受注個数は 1 万個なので、年間の売上、利益は**図 2-15b** に示すように

　　年間の売上：1,000 万円

　　粗利　　　 ：240 万円

　　利益＝粗利−販管費

　　　　＝ 240 − 190

= 50 万円

粗利 240 万円、販管費 190 万円なので利益は 50 万円でした。

小売業と製造業の違い
- 小売業は、（仕入）原価はすべて外部に払う費用
- 製造業は、（製造）原価のうち、材料費 330 円、外注費 50 円は外部に払う費用、しかし 380 円は社内の費用（製造費用）

3）小売業は粗利、製造業は営業利益という違い

　小売業は、ある程度販売量が増えても今の店舗やスタッフで対応できます。たくさん売って粗利が増えれば利益も増えます。そこで販売価格を決める際は、粗利益率の目標値を決めて、それぞれの商品の粗利から販売価格を計算します。

　例えば、**図 2-16** に示すように、このお店の仕入原価に対する粗利益率の目標は 32% でした。

図 2-16　小売業の売価の決定

　仕入原価に対する粗利益率の目標：32%
　仕入原価　760 円の場合、目標粗利益は

目標粗利益＝仕入原価×目標粗利率
　　　　　＝ 760 × 0.32
　　　　　＝ 243 ≒ 240 円

販売価格＝仕入原価＋粗利
　　　　＝ 760 ＋ 240
　　　　＝ 1,000 円

目標粗利益から販売価格を 1,000 円としました。

　製造業の場合、見積金額は**図 2-17** に示すように、製造原価と販管
費に目標利益 (営業利益) を加えて決定します。

　　製造原価：760 円

　　販売費　：190 円

販管費込み原価に対する目標営業利益率は、8.7% とします。

製造業

製造原価	販管費	目標利益
760円	190円	80円

販管費込み原価　950円

見積金額 1,030円

販管費込み原価利益率 8.7%

図 2-17　製造業の売価の決定

目標利益＝ (製造原価＋販管費) ×販管費込み原価利益率
　　　　＝ (760 ＋ 190) × 0.087
　　　　＝ 80 円

見積金額＝製造原価＋販管費＋目標利益
　　　　＝ 760 ＋ 190 ＋ 80
　　　　＝ 1,030 円

　小売業はたくさん仕入れてたくさん売ることができれば、利益が増
えます (実際は、たくさん売るには売り場の拡大やスタッフの増員が

必要で、販管費は増えますが)。

　例えば、**図 2-18** に示すように販売価格を 1 割値下げして 900 円にした結果、年間の販売量が 2 倍になりました。

販売価格 1,000万円→1,800万円

図 2-18　小売業で売上が 2 倍になった場合

　売上　　：1,000 万円 → 1,800 万円
　仕入原価：760 万円 → 1,520 万円　（2 倍 ）
　粗利　　：240 万円 → 280 万円
　販管費　：190 万円　変わらず
　利益　　：50 万円 → 90 万円　（約 2 倍 ）
利益は約 2 倍に増えました。

　一方、製造業はたくさん受注しても、急にたくさんつくることはできません。生産量は、設備と人員で決まるからです。2 倍の受注が来ても、設備や人員を増やさない限り対応できません（1.2 倍ならば、残業や休日出勤で対応できるかもしれませんが）。

　そこで**図 2-19** は、価格を 10% 値下げして受注量が前年の 1.2 倍に増加した例です。

製造業

受注増加1万個→1.2万個
売上 1,000万円→1,080万円

図 2-19　製造業で受注が 1.2 倍になった場合

　材料費と外注費は 1.2 倍、製造費用はそのままとしました。その結果

　　売上　　　　　　：1,000 万円 → 1,080 万円
　　材料費・外注費：380 万円 → 456 ≒ 460 万円
　　製造費用　　　：380 万円（固定費とする）
　　製造原価　　　：760 万円 → 380 ＋ 460 ＝ 840 万円
　　販管費　　　　：190 万円（変わらず）
　　利益　　　　　：50 万円 → 1,080 － 840 － 190 ＝ 50 万円

　値下げして生産量と売上は 1.2 倍になりましたが、利益は変わりませんでした。つまり受注生産の製造業では**個々の受注で確実に利益があることが重要**です。

　一方、受注量が少なくても費用（固定費）は変わりません。受注が大幅に減少すれば、価格を下げてでも受注を増やすことも必要です。（詳細は【実践編】を参照願います。）

第3章

アワーレート(人)は
どう計算する?

1節 アワーレート(人)は稼働率を入れて計算

　アワーレート(人)とは、1時間あたりの人の費用です。これは時給とは違うのでしょうか?

1)アワーレート(人)の計算

　アワーレート(人)は、人の年間費用を1年間の稼働時間(実際にお金を稼いでいる時間)で割って計算します。

$$アワーレート(人) = \frac{年間費用}{1年間の稼働時間}$$

　1年間の稼働時間は、年間の就業時間に稼働率をかけて計算します。従ってアワーレート(人)の計算は以下のようになります。

$$アワーレート(人) = \frac{年間費用}{年間就業時間 \times 稼働率} -(式3-1)$$

　つまりアワーレート(人)は、移動率の分、時給より高くなります。

【 A社　正社員Aさんのアワーレート(人)】

　A社の正社員Aさんの費用とアワーレート(人)を**図3-1**に示します。稼働率は80%とします。

正社員Aさん

年間費用	年間就業時間	稼働率
352万円	2,200時間	0.8

年間支給額合計　303.5万円
(20.23万円×15か月)

アワーレート(人)
2,000円/時間

会社負担社会保険料
49万円(16%)

図3-1　正社員Aさんのアワーレート

　Aさんの支給額は月20.23万円〈注1〉賞与含めて15か月分で303.5万円でした。社会保険料の会社負担分は303.5万円の16%、49万円でした。

> 〈注1〉本書はできるだけ区切りがいい数字になるように金額を決めています。そのため、現実の費用と比べると高すぎる、あるいは低すぎることがあります。

　Aさんの年間費用は

年間費用 ＝ 20.23 × 15 × (1+0.16)

　　　　＝ 352万円

　Aさんのアワーレートは、

$$アワーレート（人）＝ \frac{年間費用}{年間就業時間 × 稼働率}$$

$$＝ \frac{352 × 10^4}{2,200 × 0.8} ＝ 2,000 円/時間$$

【　A社　パート社員Hさんのアワーレート（人）】

　パート社員Hさんの時給は、960円/時間、年間費用は115.2万円でした。（**図3-2**）

　アワーレート（人）は、稼働率が0.8のため、1,200円/時間でした。

パート社員Hさん

年間費用	年間就業時間	稼働率
115.2万円	1,200時間	0.8

アワーレート（人）
1,200円/時間

時給960円
年間就業時間1,200時間
（他に手当はなし）

図3-2　パート社員のアワーレート（人）

$$\text{アワーレート（人）} = \frac{\text{年間費用}}{\text{年間就業時間} \times \text{稼働率}}$$

$$= \frac{115.2 \times 10^4}{1,200 \times 0.8} = 1,200 \text{ 円 / 時間}$$

正社員 A さんのアワーレート（人）　　：2,000 円 / 時間

パート社員 H さんのアワーレート（人）：1,200 円 / 時間

時給 960 円の H さんのアワーレート（人）は、稼働率 0.8 で割ったため 1,200 円です。

なぜアワーレート（人）の計算に稼働率をかけるでしょうか？

この稼働率は何を意味するのでしょうか？

2）稼働率の意味するところ

稼動率の意味は、企業や書籍により様々です。本書は、稼働率を「就業時間に対し付加価値を生んでいる時間（稼働時間）の割合」とします。

$$\text{稼働率} = \frac{\text{稼働時間}}{\text{就業時間}} - (\text{式 3-2})$$

例えば、ある作業者の 1 日は **図 3-3** のようになっていました。

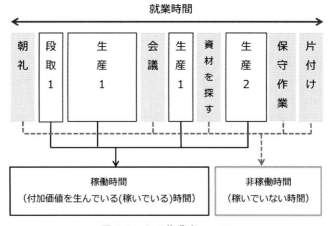

図 3-3　ある作業者の 1 日

　この1日は以下のように分けられます。

【付加価値を生んでいる時間】

- 段取時間
- 生産時間

【付加価値を生んでいない時間】

- 朝礼
- 移動
- トイレのため離席
- 資材を探す
- 会議
- 片付け

　ここで付加価値を生んでいる時間に段取時間が入っているのは、本書は段取費用も見積に入れているからです。多品種少量生産では、ロットの大きさが違うと製品1個当たりの段取費用が大きく変わります。そのため原価に段取費用を入れます。

　大量生産で段取の頻度が少なく、段取費用が見積に入っていない場合、段取時間は付加価値を生まない時間です。

　作業者が1日忙しく働いていても、このような付加価値を生まない「稼いでいない時間」があります。しかしこの時間も費用（人件費）は発生しています。

　そこで就業時間に対し付加価値を生んでいる時間の割合を稼働率とします。アワーレート（人）は、人の年間費用を就業時間に稼働率をかけたもので割って計算します。

　受注が少なくなり稼いでいる時間も少なくなれば、稼働率は下がります。1日フルに生産するだけの受注がなく、空いた時間に5S活動（整理・整頓）や改善活動を行っても、それは「お金を稼いでいない時間」です。その分、アワーレート（人）は高くなっています。

　稼動率は、作業者の稼働時間と就業時間を集計すれば計算できます。実際は1年を通して行うのは大変なので、数名を一定期間調べて全体

の稼働率を推定します。稼働率の値は、1日現場に入っている作業者でも 80 〜 95% ぐらいです。

3) 賃金、社会保険料、派遣、請負など 様々な人の費用をどうやって計算するのか？

労務費には**図 3-4** に示すように
- 賃金
- 賞与
- 退職金
- 各種手当
- 社会保険料（法定福利費）
- 福利厚生費
- 雑給

があります。

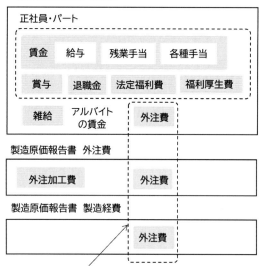

図 3-4　労務費の内訳

　この労務費は、賃金、賞与、退職金、各種手当などが含まれます。各現場の人の年間費用は、その現場に所属している人の労務費を集計します。

　社会保険料は、全社員がまとめて計上され、個々の社員の金額はわからないことがあります。社会保険料の会社負担の合計はA社では約16%〈注1〉でした。そこで人件費の16%で概算しました。（これは業界によって異なりますので注意してください。）

　第2章で述べたように、派遣社員や請負の費用は労務費でなく、外注費や製造経費に入っていることもあります。これらは原価計算では「労務費」なので、各現場の人の費用に入れ、その分、外注費や製造経費からマイナスします。

〈注1〉社会保険料の料率
　　　　社会保険料には以下のものがあります。(値は 2023 年 8 月時点の例)
　　　・健康保険料 (10.00%(介護保険非該当)、11.82%(介護保険該当)
　　　・厚生年金 (18.3%)
　　　　　(健康保険、厚生年金は従業員と会社で折半)
　　　・子ども・子育て拠出金 (0.36%、会社が負担)
　　　・雇用保険料 (1.55%、従業員 0.6%、会社 0.95%) 業種により異なります。
　　　・労災保険料 (0.3% 〜会社負担) 事業により異なります。
　　　　会社負担の合計　15.76% 〜 (介護保険該当者 16.67% 〜)

2節 賃金の高い人のつくった製品の原価は高いのか？

正社員Aさんとパート社員Hさんのアワーレート（人）は
　　正社員Aさんのアワーレート（人）　　:2,000 円 / 時間
　　パート社員Hさんのアワーレート（人）:1,200 時間
　パート社員Hさんのアワーレート（人）は正社員Aさんの60%です。その結果、同じ製品を1時間かけて製造した時の費用は
　　正社員Aさんが製造　　　:2,000 円

パート社員 H さんが製造：1,200 円
　パート社員 H さんが製造すれば A さんの 60％になります。

　この計算は正しいのですが、現実には全く同じ製品を、つくった
人が違うために異なる原価で管理するのは困難です。そこで正社員 A
さん、パート社員 H さんも含めた、その現場全体の平均アワーレー
ト（人）を使います。
　A 社のマシニングセンタ 1（小型）の現場は、**図 3-5** に示すように
A ～ D さんまで 4 人の作業者（正社員）がいました。年間総支給額
も 352 ～ 528 万円と幅がありました。ただし就業時間と稼働率は、
計算を簡単にするため同じにしました。

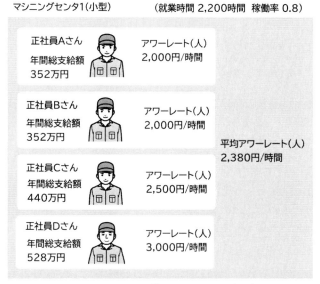

図 3-5　現場の平均アワーレート（人）

マシニングセンタ 1（小型）の現場の作業者の年間費用合計は

作業者の年間費用合計＝ 352 ＋ 352 ＋ 440 ＋ 528
　　　　　　　　　　＝ 1,672 万円

マシニングセンタ1（小型）の現場の作業者の「就業時間×稼働率」の合計は

作業者の「就業時間×稼働率」の合計＝ 2,200 × 0.8 × 4

$$= 7,040 \text{ 時間}$$

平均アワーレート（人）は以下の式で計算します。

$$\text{平均アワーレート（人）} = \frac{\text{各作業者の年間費用合計}}{\text{（就業時間×稼働率）の合計}} \quad -\text{（式 3-3）}$$

マシニングセンタ1（小型）の現場の場合

$$\text{平均アワーレート（人）} = \frac{1,672 \times 10^4}{7,040}$$

$$= 2,375 \fallingdotseq 2,380 \text{ 円 / 時間}$$

平均アワーレート（人）は、2,380円 / 時間でした。
この2,380円 / 時間であれば、誰がつくっても同じ原価になります。

工場によっては、応援のために現場同士で人が頻繁に移動し、現場の作業者を固定できないことがあります。その場合、工場全体の平均アワーレート（人）を計算します。現場毎のアワーレート（人）の差が大きくなければ、これでも十分です。大企業でも工場のアワーレート（人）はひとつのところもあります。

A社の現場と労務費を**図3-6**に示します。ここで実稼働時間合計は、就業時間×稼働率の合計です。稼働率は全て0.8としています。

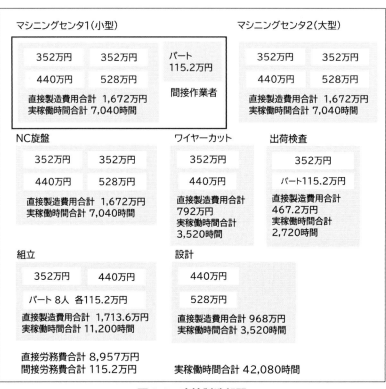

図3-6　直接製造部門

直接製造部門の直接労務費合計：8,957 万円

直接製造部門の間接労務費合計：115.2 万円

（間接労務費については4節を参照願います。）

直接製造部門の稼働時間合計：42,080 時間

工場全体の平均アワーレート（人）

$$= \frac{直接製造部門の（直接労務費合計＋間接労務費合計）}{実稼働時間合計} - （式3\text{-}4）$$

$$= \frac{(8,957 + 115.2) \times 10^4}{42,080} = 2,155.9 \fallingdotseq 2,160 \text{ 円 / 時間}$$

すべての現場の平均アワーレート(人)は2,160円/時間でした。
この2,160円/時間であれば、マシニングセンタ1(小型)、マシニン
グセンタ2(大型)、NC旋盤、ワイヤーカット、組立のどの現場も同
じアワーレート(人)で原価を計算できます。

ではどういう時にアワーレート(人)を分ける必要があるのでしょ
うか。

3節 必要ならば、事業分野、製品分野で分ける

例えば、工程や扱う製品が異なるため、アワーレート(人)を変え
たい場合です。

【例1 明らかに原価が違う】

- 組立は付加価値が低いため、賃金の低いパート社員主体で製造
- 加工は付加価値が高く技術も必要なため、賃金の高い正社員が
  製造

この場合、組立と加工を同じ平均アワーレート(人)にすると、組
立は加工の高い賃金の影響を受けてアワーレート(人)が高くなりま
す。見積も高くなってしまい、受注がしづらくなります。そこで組立
と加工のアワーレート(人)を分けます。組立の現場のアワーレート
(人)を**図3-7**に示します。

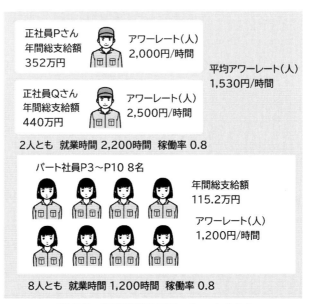

図3-7　組立現場のアワーレート（人）

組立現場の平均アワーレート（人）

$$= \frac{(352 + 440 + 115.2 \times 8) \times 10^4}{2,200 \times 0.8 \times 2 + 1,200 \times 0.8 \times 8}$$

$= 1,530$ 円 / 時間

組立のアワーレート（人）　　　　　　　　　　：1,530 円 / 時間

マシニングセンタ1（小型）のアワーレート（人）：2,380 円 / 時間

マシニングセンタ1（小型）の現場のアワーレート（人）は、組立の現場の約1.5倍でした。

【例2　事業が違う】

- 現場1は、大量生産品の製造、作業者は1日現場から離れず生産に従事
- 現場2は、多品種少量品の製造、作業者は生産の準備や打ち合わせなど現場から離れることが多い

この場合、現場1と現場2の作業者の賃金は同等でも、稼働率が

大きく違います。そこで現場1と現場2で稼働率を変えてアワーレート（人）を計算します。

　一方、現場には設備を操作する人や組立作業者など付加価値を生む作業者以外に、生産の準備をしたり、生産完了後の片づけをしたりする作業者もいます。

　この人たちの費用はどうなるのでしょうか。

4節　現場の間接作業者や管理者の費用はどうするのか？

　生産の準備をしたり、生産完了後の片づけをしたりする作業者は、付加価値を直接生んでいません。しかし彼らがいなければスムーズな生産はできず、彼らも現場に不可欠な人たちです。また現場の管理者も管理に専念していれば付加価値を生んでいません。

　こういった人たちの費用は、その現場の間接製造費用としてアワーレート（人）の計算に入れます。例えば、**図3-8**のマシニングセンタ1（小型）の現場には、生産準備など補助作業を行うパート社員Hさん（間接作業者）がいました。

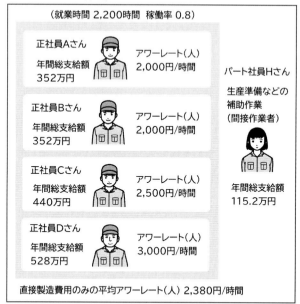

マシニングセンタ1（小型）

（就業時間 2,200時間 稼働率 0.8）

正社員Aさん
年間総支給額
352万円
アワーレート（人）
2,000円/時間

正社員Bさん
年間総支給額
352万円
アワーレート（人）
2,000円/時間

正社員Cさん
年間総支給額
440万円
アワーレート（人）
2,500円/時間

正社員Dさん
年間総支給額
528万円
アワーレート（人）
3,000円/時間

パート社員Hさん

生産準備などの
補助作業
（間接作業者）

年間総支給額
115.2万円

直接製造費用のみの平均アワーレート（人）2,380円/時間

間接作業者も含めた平均アワーレート（人）2,540円/時間

図3-8　間接作業者の費用

間接作業者も含めた平均アワーレート（人）

$$= \frac{各（直接）作業者の年間費用合計＋間接作業者の年間費用合計}{各（直接）作業者の（就業時間 \times 稼働率）の合計}$$

－（式3-5）

マシニングセンタ1（小型）の現場の平均アワーレート（人）

$$= \frac{1,672 \times 10^4 + \overbrace{115.2 \times 10^4}^{間接作業者の費用}}{7,040}$$

$= 2,539 ≒ 2,540$ 円 / 時間

　中小企業の工場には、管理者自ら生産を行うプレイングマネジャーもいます。彼らは管理業務もあるため、1日フルに生産ができません。この場合は管理者の時間を

　直接時間：生産している時間（%）

　間接時間：管理など生産していない時間（%）

に分けます。

　図3-9の管理者 正社員Dさんは、直接50%、間接50%でした。間接50%は、その現場の間接製造費用とします。間接製造費用の分、平均アワーレート（人）は上昇します。その結果、2,900円/時間でした。

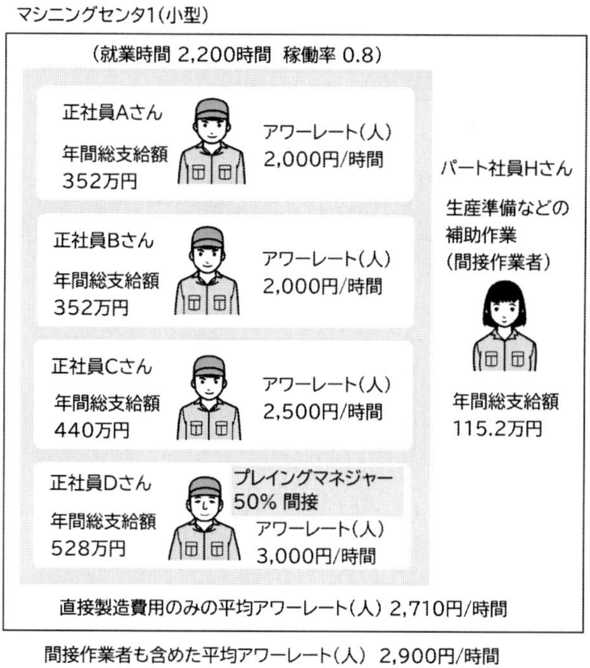

マシニングセンタ1（小型）

（就業時間 2,200時間　稼働率 0.8）

正社員Aさん
年間総支給額
352万円
アワーレート（人）
2,000円/時間

正社員Bさん
年間総支給額
352万円
アワーレート（人）
2,000円/時間

正社員Cさん
年間総支給額
440万円
アワーレート（人）
2,500円/時間

正社員Dさん
年間総支給額
528万円
プレイングマネジャー
50% 間接
アワーレート（人）
3,000円/時間

パート社員Hさん
生産準備などの
補助作業
（間接作業者）
年間総支給額
115.2万円

直接製造費用のみの平均アワーレート（人）2,710円/時間

間接作業者も含めた平均アワーレート（人）2,900円/時間

図3-9　管理者がプレイングマネジャーの場合

　間接作業者や管理者が増えれば、アワーレート（人）の計算で分子（人件費）は増えますが分母（実稼働時間）は増えません。その分、アワーレート（人）は高くなります。つまり**直接生産しない人が増えれば原価は高くなるのです。**

5節 稼働率が低い年は 翌年アワーレート（人）が高くなる？

　忙しい月は人の稼働率が高く、暇な月は稼働率が低くなります。その結果、忙しい月はアワーレート（人）が低くなり、暇な月はアワーレート（人）が高くなります。そうなると原価が変わってしまいます。これでは製品が儲かっているのは

- 高く受注できた
- 短い時間で生産できた
- たまたまその月は稼働率が高かった

どれなのかわからなくなってしまいます。

　アワーレート（人）は、原価を計算する「ものさし」です。そこで稼働率は年間で一定とし、アワーレート（人）は一年間変わらないようにします。（この点が、毎月の稼働率から実際原価を計算する財務会計の原価計算と違う点です。）

　一方、年によって繁忙状況が変わることもあります。本書は、先期の決算書からアワーレートを計算します。そのため先期の稼働率が低ければ、翌期のアワーレート（人）は高くなります。

　本当は、先期は受注が少なかったので、今期は受注を増やしたいところです。しかし今期のアワーレート（人）が高ければ、見積も高くなってしまい、一層受注しにくくなります。

　この場合は、工場が元々目標としている稼働率でアワーレート（人）を計算します。そしてその**稼働率を達成できるように営業活動に力を入れます。**

6節　増員・退職で　アワーレート（人）はどう変わる？

　1年の間には作業者の増員や退職があるかもしれません。これまでの方法で計算したアワーレート（人）は、先期の期末時点でのアワーレート（人）です。その後、増員や退職があれば、アワーレート（人）は変わっています。

【直接作業者の変動】

　直接作業者を増員しても、増員した直接作業者は新たに付加価値を生みます。現場の費用が増えても、稼働時間も増えるためアワーレート（人）は変わりません。

　直接作業者が退職すれば、人件費は減りますが稼働時間も減るためアワーレート（人）は変わりません。

　実際は増員してもすぐに他の作業者と同じ生産量にはならないので、その間はアワーレート（人）は上がります。

【間接作業者や管理者】

　間接作業者や管理者を増員すればアワーレート（人）は上がります。間接作業者の大幅な増員があれば、アワーレート（人）を見直します。

7節　アワーレート（人）が変動するので　稼働率を使わずに計算したい

　本書のアワーレート（人）の計算は稼働率を入れているため、稼働率によってアワーレート（人）が変化します。だったら稼働率を使わないでアワーレート（人）を計算した方がよい気がします。この場合、どうなるのでしょうか。

　この場合、稼働時間以外の時間、つまり稼いでいない時間の費用を考えなければなりません。この時間中も賃金は支払われ、費用は発生しています。この費用も原価に反映させる必要があります。そこで稼

働率を使わない場合は、**図3-10**に示すように稼働していない時間の費用を集計し、間接製造費用に入れます。

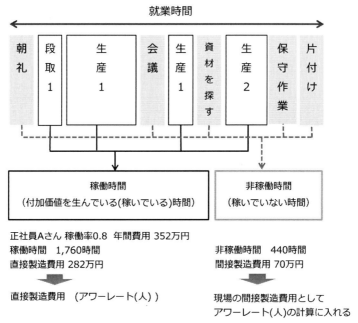

図3-10　稼働率を使わない場合

　その結果、間接製造費用が増え、間接製造費用を含んだアワーレート（人）は上がります。現場が暇になれば、その分だけ間接製造費用が増えて原価が高くなります。つまり稼働率を使って計算した場合と同じ結果になります。ただし、この方法で計算するためには、稼いでいない時間を日々記録しなければなりません。これはとても手間がかかります。だったら大まかでもいいので稼働率を把握して、稼働率を使ってアワーレート（人）を計算した方が簡単です。

　では、アワーレート（設備）はどうやって計算するのでしょうか。第4章は、アワーレート（設備）の計算に必要な減価償却費について説明します。

8節　まとめ

$$アワーレート（人）= \frac{年間費用}{年間就業時間 \times 稼働率} \quad -（式3\text{-}1）$$

$$稼働率 = \frac{稼働時間}{就業時間} \quad -（式3\text{-}2）$$

$$平均アワーレート（人）= \frac{各作業者の年間費用合計}{（就業時間 \times 稼働率）の合計} \quad -（式3\text{-}3）$$

工場全体の平均アワーレート（人）

$$= \frac{直接製造部門の（直接労務費合計＋間接労務費合計）}{実稼働時間合計} \quad -（式3\text{-}4）$$

間接作業者も含めた平均アワーレート（人）

$$= \frac{各（直接）作業者の年間費用合計＋間接作業者の年間費用合計}{各（直接）作業者の（就業時間 \times 稼働率）の合計}$$

$$-（式3\text{-}5）$$

9節 利益まっくすの場合

① 利益まっくすでは、マシニングセンタ1(小型)、マシニングセンタ2(大型)、NC旋盤など製造機能毎に現場を設定します。
② 現場の管理者や生産管理など間接部門の現場も設定します。

【現場情報入力画面】

現場コード	事業部コード	課コード	現場名称	直接/間接	段取(人)区分	加工(人)区分	段取(設備)区分	
101	1 製造部	11 製造課	マシニングセンタ1(小型)	直接	有	有	有	
102	1 製造部	11 製造課	マシニングセンタ2(大型)	直接				
103	1 製造部	11 製造課	NC旋盤	直接				
104	1 製造部	11 製造課	ワイヤーカット	直接	有		無	有
105	1 製造部	11 製造課	出荷検査	直接	有	有		無
106	1 製造部	11 製造課	組立	直接	有	有		無
107	1 製造部	11 製造課	管理	間接				無
108	1 製造部	12 技術課	設計	直接				無
109	1 製造部	13 管理課	生産管理	間接	無	無		無

①製造機能毎に現場を設定

②間接部門も設定

③ 作業者の年間労務費、年間就業時間、稼働率を設定します。
④ 直接作業者は「直接」、間接作業者は「間接」を設定します。
「直接%」は100%直接作業の場合は100、100%間接作業の場合は0を入力します。

【作業者情報入力画面】

社員コード	氏名	社員区分	年間労務費	就業時間(時)	稼働率0-1	直接/間接	直接%	間接%
1001	A	正社員	3,520,000	2,200	0.8000	直接	100.0	0.0
1002	B	正社員	3,520,000	2,200	0.8000	直接	100.0	0.0
1003	C	正社員				直接		0.0
1004	D							0.0
2001	P1	パート社員	1,152,000	1,200	0.8000	間接	0.0	100.0

③個々の作業者の年間労務費、就業時間、稼働率を設定

④100%間接作業者は「間接」として「直接%」は0とする。

70

⑤　作業者情報確認画面で直接作業者のみのアワーレート（人）が
表示されます。

【作業者情報確認画面】

社員コード	氏名	社員区分	年間労務費	就業時間（時）	稼働率	直接作業割合%
1001	A	正社員	3,520,000	2,200	0.8000	100.0
1002	B	正社員	3,520,000	2,200	0.8000	100.0
1003	C	正社員	4,400,000	2,200	0.8000	100.0
1004	D	正社員	5,280,000	2,200	0.8000	100.0

作業割合%	労務費（直接製造費用）	労務費（間接製造費用）	実稼働時間（時）
0.0	3,520,000	0	1,760
0.0	3,520,000	0	1,760
0.0	4,400,000	0	1,760
0.0	5,280,000	0	1,760
100.0	0	1,152,000	0
20.0	16,720,000	1,152,000	7,040

アワーレート(直接費)　2,375

⑤直接製造費用のみのアワーレート

⑥　半分が製造、半分が管理のプレイングマネジャーの場合は、
直接%に50を入力します。

【作業者情報入力画面】

社員コード	氏名	社員区分	年間労務費	就業時間（時）	稼働率0-1	直接/間接	直接%	間接%
1001	A	正社員	3,520,000	2,200	0.8000	直接	100.0	0.0
1002	B	正社員	3,520,000	2,200	0.8000	直接	100.0	0.0
1003	C	正社員	4,400,000	2,200	0.8000	直接	100.0	0.0
1004	D	正社員	5,280,000	2,200	0.8000	直接	50.0	50.0
2001	P1	パート社員	1,152,000	1,200	0.8000	間接	0.0	100.0

⑥「直接%」を50

71

10節 コラム　稼働率と可動率

　稼働率によりアワーレートは変わるため、稼働率の値はとても重要です。一方、稼働率の値は大量生産と多品種少量生産で異なります。**図3-11**に大量生産と多品種少量生産の稼働状況の違いを示します。

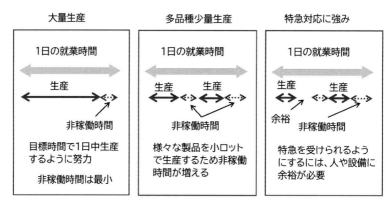

図3-11　大量生産と多品種少量生産の稼働状況

　大量生産では、目標時間（またはタクトタイム）で1日中生産することを目指します。非稼働時間は少なく高い稼働率です。

　多品種少量生産では、様々な製品を小ロットで生産します。そのため段取が多く、予定も頻繁に変わります。スムーズに次の製品の生産ができないことも多く、稼働率は低くなります。また今まで生産したことがない製品の場合、予想以上に時間がかかったり、思わぬ問題が起きたりします。こういったこともあって多品種少量生産では、稼働率は低くなります。

　あるいは顧客からの急な注文（特急対応）を強みとしている場合、そのためには人や設備に余裕が必要です。そのため稼働率は低くなります。

　このように稼働率は○○％が正解というものはありません、自社

の事業や顧客の特性を考慮して目標とする稼働率を決めます。

　管理者に高い稼働率を要求すると、受注がないのに勝手に生産するため、稼働率でなく可動率（べきどうりつ）を目標とすべきといわれています。これはどういうことでしょうか。

　この可動率は、計画時間に対する稼働時間の比率で、以下の式で計算します。

$$可働率 = \frac{稼働時間}{計画時間}$$

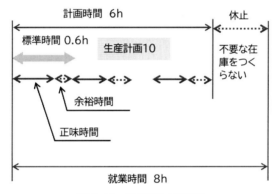

図 3-12　稼働率と可動率

　図 3-12 では、10 個の受注があり、1 個の製造時間は 0.6 時間でした。6 時間で 10 個製造できたため、その後 2 時間は生産を止めました。この場合の稼働率は

$$稼働率 = \frac{稼働時間}{計画時間} = \frac{6}{8} = 0.75 = 75\%$$

　残りの 2 時間も生産すれば稼働率は上がります。しかし受注がないのに生産すれば在庫を余分につくってしまいます。

　計画時間は 6 時間なので

$$可働率 \ = \ \frac{稼働時間}{計画時間} \ = \ \frac{6}{6} \ = 1.0 = 100\%$$

可動率は 100% です。

だから稼働率でなく可動率の方がよいと言われます。

　しかし、本来は在庫は顧客の納期対応や欠品防止の目的から適切な量を設定すべきです。稼働率を上げるために「現場が勝手に在庫を生産する」こと自体が問題です。

　原価の視点でみれば、例え可動率が 100% でも、稼いでいない時間が 2 時間あることに変わりありません。従って原価を下げるには可動率でなく稼働率を上げなければなりません。

　そして稼働率が低い時は

①　受注を増やす

②　受注が少ない状況がこの先も続くようであれば、現場の人や設備を減らす (他の現場を応援する)

いずれかを行わなければなりません。

第 4 章

アワーレート(設備)に必要な減価償却費

第3章で説明したアワーレート(人)の計算式は以下の式でした。

$$アワーレート(人)= \frac{年間費用}{年間就業時間×稼働率} - (式3\text{-}1)$$

アワーレート(設備)も同様に設備の年間費用を年間操業時間〈注1〉
×稼働率で割って計算します。

〈注1〉アワーレート(人)の場合、就業時間でしたが、設備を「就業」
　　　とは言わないので操業時間としました。意味は同じです。

$$アワーレート(設備)= \frac{年間費用}{年間就業時間×稼働率} - (式4\text{-}1)$$

　設備の年間費用は、設備の購入費用と年間のランニングコストです。
この設備の購入費用は、減価償却費として計上されています。
この減価償却費はどのような費用でしょうか。

1節 減価償却費とはどのような費用か?

　設備を購入した場合、その費用は耐用年数で分割して減価償却費と
して毎年計上されます。**図4-1**では、2,100万円の設備を購入し、耐
用年数は10年でした。この場合、毎年210万円が費用として計上さ
れます。(定額法の場合)

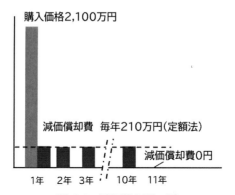

図 4-1　減価償却費の例

　最初の年は設備を買ったため、2,100 万円お金が出ていきました。しかし費用として計上されるのは、減価償却費 210 万円のみです。従って会社のお金は、その差額 1,890 万円分マイナスします。（キャッシュフローがマイナス 1,890 万円）これを**図 4-2** に示します。

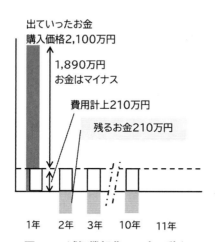

図 4-2　減価償却費とお金の動き

　2 年目以降は、もうお金は出ていきません。しかし毎年減価償却費 210 万円が計上されます。支出がないのに 210 万円費用が計上されるため、お金は 210 万円増えます。（キャッシュフローがプラス 210 万円）

このように設備投資は、決算書の費用と実際のお金の動きが異なります。どうしてこのようなことをするのでしょうか。

2節　減価償却の考え方

　これは会社の起源となった大航海時代を考えるとわかりやすいです。胡椒などの香辛料はヨーロッパでは採れません。そのため、かつては東南アジアや中国からシルクロードを経由して運ばれ、極めて高価なものでした。しかし16世紀に入るとヨーロッパから東南アジアへの貿易航路が開かれました。

図 4-3　大航海時代の帆船、サンタマリア号（復元）（Wikipedia より）

　当時の貿易航海は、多額のお金が必要な一大事業でした。そのため複数の資産家がお金を出して会社をつくって事業を行いました。当初は1回の航海が終わると、会社を清算して出資者にお金を分配しました。しかし次も航海は行います。毎回会社を清算していては非効率です。そこで一度航海が終わっても会社を清算せず、出資金は株式として残し事業を継続しました。これが株式会社の始まりです。

　ここで船の費用を考えてみます。船は最初に購入しますが、その後何回も航海に使えます。船の費用をすべて1年目の費用にすると、1

年目の航海は大きな赤字になります。

　図4-4では、1年目は経費1億円で売上は4億円でした。しかし船の費用10億円あるため、収支はマイナス7億円でした。対して2年目以降は船の費用はゼロです。そのため収支はプラス3億円でした。

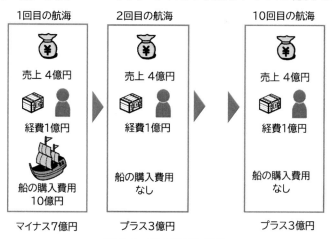

図4-4　船の費用と利益

　船は10回の航海に使えるとします。そこで船の費用を10回の航海に分けて費用とした方が利益を適切に計算できます。これを**図4-5**に示します。

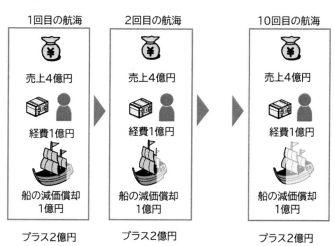

図4-5　船の費用を均等にした場合

図4-5では、船の費用は毎年1億円です。収支は1年目からプラス2億円になります。

　これは航海に1度出る度に船が痛み、1億円ずつ価値が減っていくことです。この事業を続けるには、毎年1億円ずつ10年間お金を貯めて、11年目には10億円で新たに船を買わなければなりません。これが減価償却費の意味するところです。〈注2〉

　一方、減価償却費があると、毎期の利益と現金の動きが合わなくなります。利益が出ていても会社にお金があるとは限らないのです。

〈注2〉実際は大航海時代は、まだ固定資産や減価償却費の概念はありませんでした。減価償却費が普及したのは、19世紀イギリスで蒸気機関車が発明され、鉄道が普及したためでした。鉄道は多額の初期投資が必要なため、初期投資した年は多額の赤字が発生します。それでは株主に利益を分配できないことから減価償却という概念が生まれました。
　ただ固定資産の損耗という考え方は、船で考えるとわかりやすいので、貿易航海を例に説明しました。

3節　財務会計の減価償却は税法に従う

　従って減価償却の金額によって利益は変わります。毎期の減価償却を企業が自由に決めることができれば、企業が自由に利益を増やしたり減らしたりできます。これは税務署には都合が悪いため、減価償却については以下の2点が税法で決められています。

1）耐用年数

　耐用年数（法定耐用年数）は、設備の種類に応じて税法で決められています。**表4-1**に国税庁の定める法定耐用年数の一部を示します。

表4-1　法定耐用年数の例

設備の種類	細目	耐用年数（年）
プラスチック製品製造業用設備		8
金属製品製造業用設備	金属被覆及び彫刻業又は打はく及び金属製ネームプレート製造業用設備	6
	その他の設備	10
はん用機械器具製造業用設備		12
生産用機械器具製造業用設備	金属加工機械製造設備	9
	その他の設備	12

　この法定耐用年数は、設備の区分が粗く、使用条件の違いも考慮していません。実際は同じ設備でも、過酷な使い方をする場合とそうでない場合、1日24時間稼働と昼勤のみの場合で劣化は大きく違います。そのため法定耐用年数まで持たない設備もあれば、法定耐用年数よりずっと長く使える設備もあります。

　設備でも金額が低いものは1年で償却（一括償却）されます。また設備以外に建物やソフトウェアも減価償却します。しかし土地は劣化しないので減価償却をしません。

2）定率法と定額法

　減価償却の方法は、**図4-6**に示すように、毎年一定額を償却する定額法と、毎年一定率を償却する定率法があります。どちらを採用するかは企業が前もって選択します。定率法を選択すればすべて定率法、定額法を選択すればすべて定額法です。（ただし建物はいずれの場合も定額法です。）

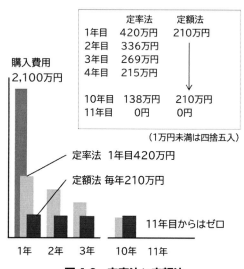

図 4-6　定率法と定額法

図 4-6 の場合

　設備　　　　　：2,100 万円

　法定耐用年数：10 年

　定額法　　　　：毎年 210 万円

　定率法　　　　：1 年目 420 万円、2 年目 336 万円と年々減少

　設備の劣化という点で考えれば定額法が適切です（海外は定額法が一般的）。

　しかし利益が多く出ている企業は、できるだけ早く減価償却をして利益を減らし、支払う税金を少なくしたいと考えます。

　また毎年設備投資を行うと、定額法の場合、年々減価償却費が増えて利益を圧迫します。定率法ならば減価償却費は 2 年目以降減少するため、こういったことが起きにくくなります。そのため定率法を選択する中小企業が多いです。

　一方大企業と違い、中小企業は減価償却をしなくても違法ではありません。利益が出なければ無理に減価償却をしなくてもよいのです。ただし減価償却をしないで利益を増やして決算をよく見せることは、

金融機関に対してはマイナスです。

4節　アワーレート（設備）に減価償却費を使用する問題

　アワーレート（設備）の計算に、この減価償却費を使用する場合、以下の問題があります。

①　定率法の場合、減価償却費が年々減少する

　　図4-6 に示すように定率法の減価償却費は年々減少します。そしてアワーレート（設備）も年々低くなります。それでも利益は出ます。

②　法定耐用年数を過ぎればゼロ

　　法定耐用年数を過ぎて設備を使用できれば減価償却費はゼロです。アワーレート（設備）はさらに低くなります。

③　設備の更新を考えると

　　設備を更新すると新たに減価償却が発生し、アワーレート（設備）が高くなります。

　減価償却が終わった設備が、その後は未来永劫使えるならアワーレート（設備）が低くても問題ありません。例えば、現場で補助的に使っているボール盤やグラインダーなどは壊れない限り何十年も使用できるでしょう。

　しかし、日常の生産に使用している設備は徐々に劣化します。そしていつか更新時期が来ます。最近の設備は制御にコンピューターや電子回路を使用するものも多く、コンピューターや電子回路は 10 ～ 15 年で寿命が来ます。そしてその頃には補給部品もなくなります。（これはメーカーによります。20 年以上補給部品を供給するメーカーもあれば、10 年未満でなくなるメーカーもあります。）

　減価償却が終わった設備を更新すれば、新たに減価償却費が発生します。減価償却が終わってアワーレート（設備）を低くしていた場合、

アワーレート（設備）を高くしなければ赤字になってしまいます。

しかし設備を更新したからといって、価格を上げることができるでしょうか。

5節 更新を考慮した正しい設備の費用

こういったことを避けるためアワーレート（設備）に使用する設備の費用は、購入金額を本当の耐用年数で割った金額を使用します。これを本書は「**実際の償却費**」と呼びます。

$$実際の償却費 \ = \ \frac{購入金額}{本当の耐用年数} \ -（式 4\text{-}2）$$

例えば**図4-6**の設備は法定耐用年数が 10 年ですが、A 社では、実際は 15 年くらい使用します。そこで実際の償却費は

$$実際の償却費 \ = \ \frac{購入金額}{本当の耐用年数}$$

$$= \ \frac{2,100}{5} \ = 140 万円$$

この 140 万円でアワーレート（設備）を計算すれば、設備を更新した後も同じアワーレート（設備）になります。

ただし、実際の償却費からアワーレート（設備）を計算した場合、問題がひとつあります。それは、設備購入直後は実際の償却費より、決算書の減価償却費の方が高いことです。減価償却費の方が高いため、利益が低くなります。**図4-7**では、

実際の償却費 ：140 万円

減価償却費（1 年目）：420 万円

差額の 280 万円分利益がマイナスします。場合によってはこのために会社が赤字になるかもしれません。ただし、減価償却費 420 万円は、実際は現金の支出がない費用です。従って会社に残るお金はど

ちらも変わりません。

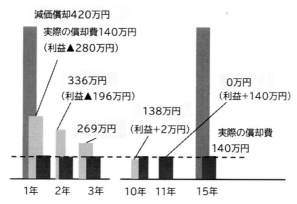

減価償却420万円
実際の償却費140万円
（利益▲280万円）

336万円
（利益▲196万円）

269万円

138万円
（利益＋2万円）

0万円
（利益＋140万円）

実際の償却費
140万円

1年　2年　3年　　10年 11年　15年

図4-7　減価償却費と実際の償却費

6節 耐用年数に達したら設備の更新に必要な お金がなければならない

　この減価償却費は現金の支出のない費用です。そのため減価償却費の分だけ会社にお金が残ります。**図4-8**に示すように毎年減価償却費でプラスしたお金を貯めていけば、設備が耐用年数に達した時、設備の購入金額分のお金が会社に残ります。このお金で設備を更新します。

　借入をして設備を導入した場合は、減価償却費でプラスになったお金で借入金を返済します。設備の更新が来れば、借入金の返済が終わり、新たな借入ができるようにします（実際は借入金の返済期間は耐用年数より短いため、返済にはもっとお金が必要です）。

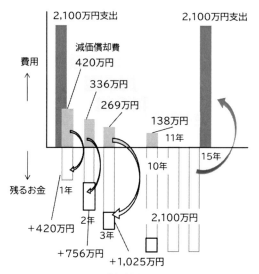

図4-8　減価償却と内部留保

　注意しなければならないのは、減価償却が進むと会社全体の製造原価が下がり、「受注金額が低くても利益が出る」ことです。顧客から価格引き下げの要求が厳しい場合、利益が出ているので、まだ値下げできるように思えます。しかし値下げを続ければ、次の設備の更新に必要なお金が残りません。しかも多くの工場では、そういった設備は1台ではありません。

　例えば、**図4-9** の例は設備が4台あり、導入から14年目が1台、12年目が2台、11年目が1台、全て減価償却が終わっています。

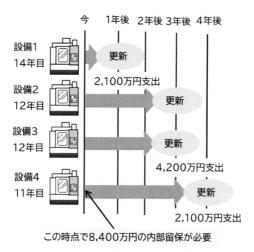

図4-9　4台の設備の更新

4台はそれぞれ

　1年後：設備1が15年目

　3年後：設備2、3が15年目

　4年後：設備4が15年目

になり、順に更新時期を迎えます。

　自己資金で設備を更新する場合、今年の時点で8,400万円の内部留保がなければなりません（借入で購入する場合は、新たに借入しても返済できる利益が今年の時点で必要です）。

　昨今、中小企業（製造業）の廃業の原因のひとつに設備の老朽化があります。理由は厳しい値下げ要請に応え続けた結果、利益が減少して更新に必要な内部留保が残らなかったためです。これを避けるには中期経営計画に設備の更新時期と必要な資金を盛り込んで、計画的に内部留保を積み上げます。

7節 大量生産工場での設備更新の考え方

　これまでの説明は、実際の耐用年数が来れば設備を更新し、生産能力を維持し続けるという場合です。工場は設備を維持しなければ事業を継続できないため、多くの設備はこのように考えます。

　一方、特定の製品のために専用設備を導入することがあります。その場合、その製品の生産が終われば設備は不要になります。従って設備の費用はその製品を生産している間に回収しなければなりません。大抵は設備投資の回収期間は設備の耐用年数よりも短いです。

a. 汎用的な設備を使用する現場

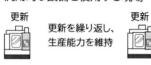

更新　　更新を繰り返し、　　更新
　　　　生産能力を維持

実際の耐用年数
15年

b. 専用設備を使用する現場

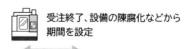

受注終了、設備の陳腐化などから
期間を設定

設備投資の回収期間　例　8年

図4-10　汎用的な設備と専用設備の考え方

　図4-10 a で、実際の耐用年数が15年であれば、実際の償却費は購入金額を15年で割った金額です。

　対して**図4-10 b** の専用設備の場合、その製品の生産期間は8年と予想しました。そこで8年で投資の回収を考えます。期間が短い分、原価は高くなります。

　8年経って生産が終了すれば設備は廃棄します。または他の製品の生産に転用できれば転用します。

8節 設備が多く、個々の減価償却費を計算するのは大変？

　各現場のアワーレート（設備）は、これまでの考え方を元に、設備の実際の償却費をすべて計算し、そこからアワーレート（設備）を計算します。しかし工場には多くの設備があるため、すべての設備の実際の償却費を計算するのはとても手間がかかります。また古かったり、中古のため購入金額がわからない設備もあります。さらに製造設備以外にもクレーンや空調機のような共用設備もあります。

　可能であれば更新する可能性がある設備は、すべて実際の償却費を計算します。そして実際の償却費からアワーレート（設備）を計算します。共用設備の費用は工場の間接製造費用とします。

　図 4-11 に示す決算書の固定資産　減価償却内訳表には、すべての設備の減価償却費と購入金額が載っています。これを元に計算します。

　実際にやってみると、「固定資産　減価償却内訳表の型式が実際の型式と合っていない」、「現場にあるはずの設備が載っていない」といったことが起きます。

　その場合は、日常生産に使用する設備の中で高額な設備のみ、実際の償却費を計算します。それ以外の、金額が低い設備、いつ更新するかわからない設備、工場の共有設備は、決算書の減価償却費を使用します。

　これらの設備は各現場に分配すると金額がそれほど高くないため、アワーレート（設備）への影響は大きくありません。ただし高額な共用設備があれば、実際の償却費を計算します。

直接製造現場で使用する設備は実際の償却費を計算する(アワーレート(設備)の計算)

品名	取得価格	期首帳簿価格	当期償却額	期末帳簿価格
機械装置				
マシニングセンタ1	21,000,000	10,752,000	2,150,400	8,601,600
マシニングセンタ2	21,000,000	4,128,768	1,376,256	2,752,512
マシニングセンタ3	21,000,000	1	0	1
マシニングセンタ4	21,000,000	1	0	1
ボール盤	300,000	153,600	30,720	122,880
空調機	800,000	533,600	177,688	355,912
フォークリフト	2,000,000	1,000,000	500,000	500,000

共用設備は、決算書の減価償却費を間接製造費用とする。

図4-11　A社の減価償却費の例

　この設備の償却費を使用してアワーレート（設備）はどうやって計算するのでしょうか。アワーレート（設備）の計算方法は第5章で説明します。

9節　まとめ

- 設備の購入費用は、減価償却費として複数年にわたって計上される。
- 減価償却は「定率法か定額法を企業が選択する」、「法定耐用年数を使用する」（税法で決められている）。
- 購入2年目以降は、お金は出ていかないが減価償却費（費用）が計上されるため、その分お金がプラスする。
- 設備の更新を考えれば「実際の償却費」を使用する。
- 実際の償却費は、毎年設備を使用することで生じる設備の劣化。毎年実際の償却費の分、内部留保が蓄積され、耐用年数に到達したら新たに設備を購入できるお金が残る。
- 設備が多く、全部実際の償却費を計算できない場合は、直接製造設備のみ実際の償却費を計算し、他の設備は、決算書の減価償却費を使用する。

$$アワーレート（設備）＝\frac{年間費用}{年間就業時間×稼働率} ー（式4\text{-}1）$$

$$実際の償却費 ＝\frac{購入金額}{本当の耐用年数} ー（式4\text{-}2）$$

10節 コラム　法定耐用年数よりも 短期間で使えなくなる場合

　設備の使用状況が激しいと、法定耐用年数よりも短い期間に使えな くなります。この場合、税法に法定耐用年数よりも短い期間で償却で きる「耐用年数の短縮制度」と「増加償却の制度」があります。

1）耐用年数の短縮制度

　法定耐用年数は、一般的な維持補修を行い、一般的な条件で使用し た場合を元に定められています。交代勤務で設備を 24 時間使用すれ ば、法定耐用年数より短い期間に使えなくなります。また技術の進歩 が激しい分野では、法定耐用年数の前に設備が陳腐化して使えなくな ることもあります。

　このような場合に「耐用年数の短縮制度」が活用できます。この 制度は法定耐用年数に比べて実際の使用可能期間が著しく短い時（お おむね 10% 以上）、国税局長の承認を受けることで、使用可能期間を 耐用年数として早期に償却できる制度です。これを受けるには以下の **表 4-2** に示す理由が必要です。

表 4-2　申請の対象となる短縮事由
（「耐用年数の短縮制度について」平成 19 年 4 月国税庁資料より抜粋）

	申請の対象となる短縮事由	短縮事由に該当する事例
①	種類及び構造を同じくする他の減価償却資産の通常の材質又は製作方法と著しく異なること。	例えば、事務所等として定着的に使用する建物を、通常の建物とは異なる簡易な材質と製作方法により建設した場合など
②	その資産の存する地盤が隆起又は沈下したこと。	例えば、地下水を大量採取したことにより 地盤沈下したため、建物、構築物等に特別な減損を生じた場合など
③	その資産が陳腐化したこと。	例えば、従来の製造設備が旧式化し、コスト高、生産性の低下等により経済的に採算が悪化した場合など
④	その資産がその使用される場所の状況に基因して著しく腐食したこと。	例えば、汚濁された水域を常時運行する専用の船舶について、船体の腐食が著しい場合など
⑤	その資産が通常の修理又は手入れをしなかったことに基因して著しく損耗したこと。	例えば、レンタル用建設軽機等で、多数の建設業者の需要に応じることから、著しく損耗した場合など
⑥	同一種類の他の減価償却資産の通常の構成と著しく異なること。	例えば、○○製造設備で、○○製造設備のモデルプラントにはない資産が組み込まれており、その全体の構成が通常の構成に比して著しく異なる場合など
⑦	その資産が機械及び装置で、耐用年数省令別表第二に特掲された設備以外のものであること。	例えば、ドライビングシミュレータ（模擬運転装置）のように、その使用可能期間が、同省令別表第二の「369 前掲の機械及び 装置以外のもの」の法定耐用年数に比して著しく短くなる場合など
⑧	その他上記①～⑦に準ずる事由	例えば、オートロック式パーキング装置（無人駐車管理装置）のように屋外等の温度差のある場所において使用されるため、使用可能期間が著しく短くなる場合など

※上記の「短縮事由」に該当する事例は、あくまで例示であり、仮に、同様の資産につき同様の事由で申請を行っても、その申請に係る資産の状況によっては承認されない場合があります。

2）増加償却とは？

「増加償却」とは、設備がその業種（例えば、金属製品製造業）の一般的な１日の使用時間よりも長時間稼働するため、設備の損耗が通常よりも激しい場合、減価償却費を増やして償却期間を短くできる制度です。増加償却は、通常の減価償却費に「増加償却費」を加算して行います。

増加償却費の計算

増加償却費＝減価償却費×増加償却率

増加償却率は１日の超過使用時間の3.5％と国税庁は定めています。

増加償却率＝１日の超過使用時間×0.035

増加償却率が0.1（10％）以上あれば、増加償却が適用できます。

１日の超過使用時間＝実稼働時間－平均稼働時間

平均稼働時間とは国税庁の定める稼働時間（8時間）〈注3〉

例　実稼働時間12時間　１日の超過使用時間4時間

$$増加償却率 = 4 \times 0.035$$
$$= 0.14$$

0.1以上なので増加償却可能。減価償却費が100万円の場合の増加償却費

$$増加償却費 = 減価償却費 \times 増加償却率$$
$$= 100 \times 0.14$$
$$= 14 万円$$

〈注3〉国税庁の定める平均稼働時間は「耐用年数の適用等に関する取扱通達の付表5」に示され、大半の機械は１日8時間です。なお休日稼働分は全て超過使用時間に含まれます。

　増加償却の特徴は

①　届出書の提出のみで OK（国等の事前承認は一切不要）

②　圧縮記帳や特別償却など、他の優遇規定とも併用可能

③　現金の支出を伴わないため、決算日以降の利益圧縮が可能

などです。

第5章 アワーレート（設備）はどうやって計算する？

設備の償却費は第4章で説明しました。この章はアワーレート（設備）の計算について説明します。

1節 アワーレート（設備）の計算

アワーレート（設備）の計算に使用する設備の年間費用は、実際の償却費とランニングコストです。

アワーレート（設備）の計算は以下の式です。

アワーレート（設備）

$$= \frac{実際の償却費＋ランニングコスト}{年間操業時間×稼働率} \quad -（式5-1）$$

複数の設備がある場合、複数の設備を平均した現場の平均アワーレート（設備）を計算します。

現場の平均アワーレート（設備）

$$= \frac{（実際の償却費＋ランニングコスト）合計}{（年間操業時間×稼働率）合計} \quad -（式5-2）$$

A社のマシニングセンタ1（小型）の現場の設備を**図5-1**に示します。

減価償却費
215万円

購入4年目

減価償却費
138万円

購入8年目

減価償却費
0円

購入11年目

減価償却費
0円

購入12年目

4台とも

購入金額2,100万円
実際の耐用年数　15年
実際の償却費140万円

年間電気代18.4万円
操業時間2,200時間
稼働率0.8

図5-1　A社マシニングセンタ1（小型）の現場のアワーレート（設備）

計算を簡単にするため4台とも

　　購入価格　　　　：2,100 万円

　　ランニングコスト：18.4 万円

　　年間操業時間　　：2,200 時間

　　稼働率　　　　　：0.8

　　実際の耐用年数　：15 年

とします。

実際の償却費は（式 4-2）より

$$実際の償却費 \; = \; \frac{購入金額}{実際の耐用年数}$$

$$= \; \frac{2100}{15} \; = \; 140 \, 万円$$

現場の平均アワーレート（設備）は

$$
\begin{aligned}
\text{現場の平均} \atop \text{アワーレート（設備）} &= \frac{(\text{実際の償却費＋ランニングコスト})\text{合計}}{(\text{年間操業時間×稼働率})\text{合計}} \\
&= \frac{\overset{\text{実際の償却費}}{\boxed{140 \times 4 \times 10^4}} + \overset{\text{ランニングコスト}}{\boxed{18.4 \times 4 \times 10^4}}}{2{,}200 \times 0.8 \times 4} \\
&= 900 \text{ 円/時間}
\end{aligned}
$$

マシニングセンタ 1（小型）の現場のアワーレート（設備）は 900 円/時間でした。

4 台の設備は導入後、それぞれ 4 年目、8 年目、11 年目、12 年目でした。決算書の減価償却費は

    4 年目：215 万円

    8 年目：138 万円

  11 年目：0 円

  12 年目：0 円

従って減価償却費から計算したアワーレート（設備）は

$$
\begin{aligned}
\text{アワーレート（設備）} &= \frac{(\text{減価償却費＋ランニングコスト})\text{合計}}{(\text{年間操業時間×稼働率})\text{合計}} \\
&= \frac{\overset{\text{減価償却費}}{\boxed{(215 + 138)}} \times 10^4 + 18.4 \times 4 \times 10^4}{2{,}200 \times 0.8 \times 4} \\
&= 606 \fallingdotseq 600 \text{ 円/時間}
\end{aligned}
$$

減価償却費から計算したマシニングセンタ 1（小型）の現場のアワーレート（設備）は 600 円/時間でした。

2節 24 時間稼働した場合

　人は 24 時間働けませんが、設備は 24 時間稼働できます。24 時間稼働すれば稼働時間が長くなり、アワーレート（設備）は低くなります。

　A 社のマシニングセンタ 1（小型）を 24 時間稼働させた結果、

　年間操業時間：2,200 時間 → 6,000 時間

　年間の電気代：18.4 万円 → 50.2 万円

　年間の電気代は 50.2 万円に増加しました。アワーレート（設備）は

$$\text{アワーレート（設備）} = \frac{(140 + \overset{\text{電気代}}{\boxed{50.2}}) \times 4 \times 10^4}{\underset{\text{年間操業時間}}{\boxed{6,000}} \times 0.8 \times 4}$$

$$= 396 \fallingdotseq 400 \text{ 円／時間}$$

　電気代は増えましたが稼働時間が大幅に増えたため、アワーレート（設備）は

　　昼勤のみ：900 円／時間

　　24 時間　：400 円／時間

　昼勤のみの 44% になりました。高価な設備はアワーレート（設備）が高くなりますが、24 時間動かせばアワーレート（設備）を低く抑えられます。

　逆に設備を動かさなければアワーレート（設備）は上昇します。マシニングセンタ 1（小型）の現場で、購入 11 年目と 12 年目の設備が半分しか稼働しない場合（**図 5-2、5-3**）

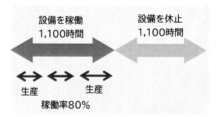

図 5-2　年に半分しか稼働していない設備

図 5-3　2 台は年に半分しか稼働しない場合

アワーレート（設備）は以下のようになります。

$$\text{アワーレート（設備）} = \frac{(140 + 18.4) \times 4 \times 10^4}{2,200 \times 0.8 \times 2 + \underset{\text{2 台の操業時間}}{\boxed{1,100}} \times 0.8 \times 2}$$

$$= 1,200 \text{ 円 / 時間}$$

アワーレート（設備）は 1,200 円 / 時間、約 1.3 倍になりました。

将来更新する設備は使わなくても費用が発生しています。そのため使わない時間が長ければアワーレート（設備）は高くなります。

3節　高い設備と安い設備がある場合

　価格の高い設備と低い設備は、アワーレート（設備）が違うのでしょうか。

　A社のマシニングセンタ1（小型）の現場で、高性能な設備（例えば5軸マシニングセンタ）を1台導入した場合を考えます。この設備は、複雑な加工ができる反面、価格が4,200万円と高価でした。**図5-4**に示すマシニングセンタ1（小型）の現場で購入4年目の設備が4,200万円の場合

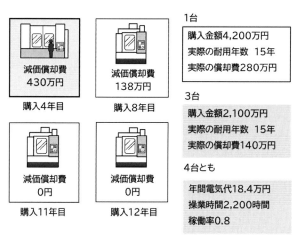

図5-4　1台が高価な設備の場合

4,200万円のマシニング
センタアワーレート（設備）$= \dfrac{(\boxed{280} + 18.4) \times 10^4}{2,200 \times 0.8}$

$= 1,695 \fallingdotseq 1,700$ 円 / 時間

平均アワーレート（設備）$= \dfrac{((\boxed{280} + 140 \times 3) + (18.4 \times 4)) \times 10^4}{2,200 \times 0.8 \times 4}$

$= 1,099 \fallingdotseq 1,100$ 円 / 時間

4,200万円のマシニングセンタは

実際の償却費　　　　：280万円（2倍）

マシニングセンタ単体の

アワーレート（設備）：1,700円/時間

　それまでの2倍近くになります。そのため現場の平均アワーレート（設備）は、1,100円/時間 になり、200円/時間上昇しました。その分見積も高くなります。

　高価な設備は価格に見合った付加価値を生むことができれば問題ありません。しかし、従来の設備と同じ付加価値しか生まなければコストアップになってしまいます。

4節　価格の高い設備を使うと原価は高くなる？

　4,200万円のマシニングセンタと2,100万円のマシニングセンタでは、アワーレート（設備）は異なります。つまり価格の高い設備で製造すれば原価も高くなります。そのため単価の低い加工は、安い設備を使うように指示する管理者もいます。では安い製品は高い設備を使うべきではないのでしょうか。

　アワーレート（設備）の主な違いは、実際の償却費です。実際の償却費はすでに過去に払ったお金です。例え高い設備を使っても**新たにお金が出ていくわけではありません。**

　高い設備も使わなければお金は稼ぎません。つまり設備が高くても、**どんな仕事でも入れて設備を動かした方が利益は増える**のです。

　そこで設備の価格が違っても同じ能力であれば同じ現場と考えます。そしてその現場の平均アワーレート（設備）を使用します。そうすればどの設備を使用しても原価は同じです。

5節　設備を増やしたらどうなるのか？

　設備を増やせば、その分、減価償却費・実際の償却費は増えます。それに応じて受注を増やさなければお金は増えません。

　つまり設備を増やすということは、工場全体の費用を増やすことです。その分受注を増やして設備の稼働率を維持しなければなりません。設備が増えても受注が増えなければ、設備の稼働率が下がり原価が上昇します。

　一方、測定器のように直接生産しない設備を増やせば、アワーレート（設備）が上昇します。そして工場のコスト競争力は弱くなります。それでも必要であれば測定機は入れなければなりません。その分現場は高コストになっていくので、より付加価値の高い受注を増やさなければなりません。

6節　間接的に使用する設備を増やすとアワーレート（設備）はどうなる？

　現場にはボール盤やグラインダーのように日常の生産には使用せず、部品の修正や治具の作成に使用する設備もあります。（**図 5-5**）常時使用されて付加価値を生む設備に対して、これらは生産をサポートする設備です。本書はこれを「**補助的に使用する設備**」と呼びます。

ボール盤
60万円

グラインダー
10万円

図 5-5　補助的に使われる設備

補助的に使用する設備は、使用頻度が低く更新期間も長いため、そ

の費用はアワーレート（設備）には入れません。

　ただし、高額でしかも短期間に更新する設備の場合、その設備の実際の償却費を設備の年間費用に加えて、アワーレート（設備）を計算します。

　例えば、**図5-6**のマシニングセンタ1（小型）の現場で、検査のため500万円のデジタルマイクロスコープを導入しました。デジタルマイクロスコープの実際の耐用年数は10年でした。

　このデジタルマイクロスコープはマシニングセンタの現場のみで使用します。そこでデジタルマイクロスコープの実際の償却費50万円/年を、マシニングセンタ1（小型）の現場の間接製造費用とします。

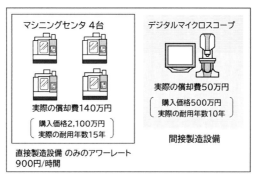

図5-6　デジタルマイクロスコープを導入した場合

間接設備を含む平均アワーレート（設備）の計算は以下の式です。
（設備の年間費用合計は、実際の償却費+ランニングコストの合計）

間接設備を含むアワーレート（設備）

$$= \frac{直接製造設備の年間費用合計 + 間接製造設備の年間費用合計}{設備の（年間操業時間 \times 稼働率）合計} - （式5\text{-}3）$$

マシニングセンタの現場の平均アワーレート（設備）

$$= \frac{((140 + 18.4) \times 4 + \boxed{50}) \times 10^4}{2{,}200 \times 0.8 \times 4}$$

<small>デジタルマイクロスコープの実際の償却費</small>

＝ 971 ≒ 970 円 / 時間

アワーレート（設備）：900 円 / 時間→ 970 円 / 時間

アワーレート（設備）は 70 円 / 時間上昇しました。

7節　どこまで細かく計算するのか？設備のランニングコスト

設備のランニングコストには**図 5-7** のようなものがあります。

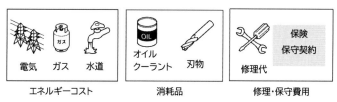

電気　ガス　水道
エネルギーコスト

オイル
クーラント　刃物
消耗品

修理代　保険 保守契約
修理・保守費用

図 5-7　ランニングコストの例

その内訳は
- エネルギーコスト

    電気、ガス、水道など水道光熱費
- 消耗品

    オイル、クーラントなど液体

    二酸化炭素、アルゴン、窒素ガスなど気体

    ウェス、刃物、工具など固体
- 修理・保守費用

    修理代、保守契約などサービス費用

これらの費用はどの設備でどれだけ発生したのか正確にはわかりません。そこで間接製造費用として、他の工場の経費と共に各現場に分配します。

ただし、設備によっては特定の費用がとても高いことがあります。その場合、その費用はその設備の直接製造費用としてアワーレート（

設備）の計算に入れます。例えば

- ヒーターがあるため消費電力がとても大きい設備。あるいは射出成型機など設備の大きさで消費電力が変わりアワーレート（設備）にも影響する場合。
- 窒素、二酸化炭素やアルゴンガスなどのガスを多く消費する設備。
- 食品製造設備のように終業後洗浄のため多量の水を使用する設備。
- 刃物やオイルなどの特定の消耗品の使用量が多い設備。
- 多額の修理費が発生する設備。
- 多額の修理費に備えて毎年保険をかけている設備。又は高額な保守契約をメーカーと締結している設備。

これらの費用は、その設備、あるいは現場固有の費用として、アワーレート（設備）の計算に入れます。

人と設備以外の費用、間接製造費用と販管費については第6章で説明します。

8節　まとめ

- 設備を 24 時間動かせば年間稼働時間が増えてアワーレート（設備）は低くなる。逆に設備を使わなければアワーレート（設備）は高くなる。
- 価格の高い設備は、アワーレート（設備）が上昇し原価も上がる。ただし、原価が高くても新たにお金が出ていくわけではない。使っていない設備があれば原価が高くても動かす。
- 測定器のような生産に使用しないが更新が必要な高価な設備があればアワーレート（設備）は高くなり原価は上がる。

アワーレート（設備）

$$= \frac{設備の償却費＋ランニングコスト}{年間操業時間×稼働率} \quad -（式 5\text{-}1）$$

現場の平均アワーレート（設備）

$$= \frac{（実際の償却費＋ランニングコスト）現場の合計}{（年間操業時間×稼働率）現場の合計} \quad -（式 5\text{-}2）$$

間接設備を含むアワーレート（設備）

$$= \frac{直接製造設備の年間費用合計＋間接製造設備の年間費用合計}{設備の（年間操業時間×稼働率）合計}$$

$$-（式 5\text{-}3）$$

9節　利益まっくすの場合

① 各現場の設備の設定では、減価償却費と実際の償却費を設定します。

【設備情報確認画面】

設備コード	設備名称	型式	減価償却費	アワーレート用減価償却費
10101	M/C1_4年目	M/C1	2,150,400	1,400,000
10102	M/C2_8年目	M/C2	1,376,256	1,400,000
10103	M/C3_11年目	M/C3	0	1,400,000
10104	M/C4_12年目	M/C4	0	1,400,000

①決算書の減価償却費　　　①アワーレート計算用実際の償却費

② 電気代などのランニングコストは「その他電気代等」で設定します。

③ 年間操業時間と稼働率も設定します。

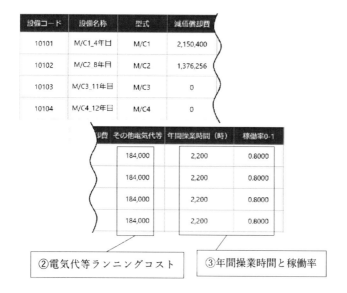

設備コード	設備名称	型式	減価償却費
10101	M/C1_4年目	M/C1	2,150,400
10102	M/C2_8年目	M/C2	1,376,256
10103	M/C3_11年目	M/C3	0
10104	M/C4_12年目	M/C4	0

却費	その他電気代等	年間操業時間（時）	稼働率0-1
	184,000	2,200	0.8000
	184,000	2,200	0.8000
	184,000	2,200	0.8000
	184,000	2,200	0.8000

②電気代等ランニングコスト　　　③年間操業時間と稼働率

④　その設備が 100% 直接生産に使われていれば「直接」として
「直接 %」に 100、直接生産に使われていない場合は「間接」と
して「直接 %」に 0 を入力します。

④100%直接生産に使われている場合
直接とし、「直接%」は 100 とする

⑤　直接製造費用のみのアワーレート（設備）が表示されます。

⑤ 直接製造費用のみのアワーレート（設備）

第6章

間接製造費用と販管費の分配

1節 意外と大きい間接部門の費用

1）間接製造費用とは

工場には直接製品を製造する直接部門と、製品を直接製造しない間接部門があります。間接部門には生産管理、資材調達、物流、品質管理などがあります。間接部門の費用は間接製造費用です。

また直接部門にも部長や課長など管理に専任し直接製造しない人たちもいます。現場の中にも生産準備など補助的な作業を行い、どれだけ作業すればどれだけ生産できるのか明確でない作業者もいます。彼らの費用も間接製造費用です。

A社の部門構成を**図6-1**に示します。

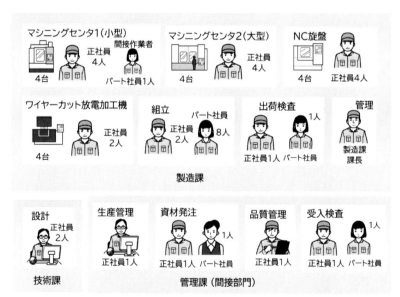

図6-1 A社の部門構成

A社の直接製造部門

- マシニングセンタ1（小型）
- マシニングセンタ2（大型）
- NC旋盤
- ワイヤーカット放電加工機
- 組立
- 出荷検査
- 設計

A社は設計費用も見積に入れているため、設計も直接製造部門です。
間接部門は

- 生産管理
- 資材発注
- 品質管理
- 受入検査

です。また製造課の課長やマシニングセンタの現場のパート社員は
間接作業者です。

2）設計や検査は直接部門か？間接部門か？

加工、組立の現場は直接製造部門です。では検査や設計は直接部門
と間接部門のどちらでしょうか？

これは、設計費用や検査費用が見積に含まれるかどうかによりま
す。（**図6-2**）

設計・検査は直接製造部門

設計費・検査費用は見積に含まれる

設計・検査は間接製造部門

設計費・検査費用は見積に含まれない

図6-3　設計費用の考え方

【設計費用】

　設計費用は、以下の2種類があります。

　①　自社製品として設計し、製造・販売する製品の設計費用

　②　顧客の要求に基づいて設計・製作する製品の設計費用

　①の設計費用は開発費で、製造原価の間接製造費用です。あるいは設計費用が研究開発費の場合、販管費のこともあります。

　②の場合、設計費用が見積に含まれるかどうかで、設計費用が直接製造費用か間接製造費用か変わります。

　設計費用が見積に含まれる場合、設計費用は直接製造費用です。この場合、製品毎に設計時間を集計し、設計時間から設計費用を計算し、原価に加えます。そうしないとその製品が儲かったかどうかがわかりません。

　設計費用が見積に含まれない場合、設計費用は間接製造費用です。この場合、他の間接部門の費用と同じように各現場に分配します。

【検査費用】

　検査費用も同様です。検査費用が見積に含まれる場合、検査もお金を稼いでいます。その場合、検査は直接部門です。検査費用は直接製造費用です。

　一方、検査費用が見積に含まれなければ、検査は間接部門です。検査費用は間接製造費用です。

　受入検査は見積に含まれないため、受入検査は間接部門で、受入検査の費用は間接製造費用です。

2節　これも大きい「工場の経費」

　もうひとつの間接製造費用は工場の経費です。**図6-3** に代表的な

工場の経費を示します。

図6-4　製造経費

図6-3のうち消耗品・消耗工具費の一部は本来は材料費です。も
し消耗品、消耗工具の中で、特定の製品で消費量が多いものがあれば、
その費用は直接製造費用として、その製品の製造原価に入れます。

例えば、ある製品は特殊な刃物を使用して加工します。その刃物は
高価で消費量も多いため、その刃物代のみ直接製造費用としてその製
品の見積に入れます。

3節　間接製造費用の原価への組込み1（簡便な方法）

間接製造費用を原価に組み込む際、2つの方法があります。

ひとつは個々の製品の直接製造費用に一定の比率（間接費レート）
をかけて間接製造費用を計算する方法です。

この場合、間接費レートは第2章 式2-6 より

$$間接費レート \ = \ \frac{先期の間接製造費用}{先期の直接製造費用} \ - （式2\text{-}6）$$

A社の場合

先期の間接製造費用合計：5,120万円

先期の直接製造費用合計：1億1,820万円

$$間接費レート = \frac{5,120}{11,820} = 0.433 ≒ 0.40$$

間接費レートは 40% でした。従って

製造費用＝直接製造費用×（1＋間接費レート）−（式 2-7）

       ＝直接製造費用×（1＋ 0.4）

       ＝直接製造費用× 1.4

直接製造費用を 1.4 倍すれば、製造費用になります。

4節 間接製造費用の原価への組込み 2（現場の分配）

　間接製造費用を部門別に計算し各現場に分配する場合、本書では以下のように行います。

・間接部門の費用は労務費のみとする。

・製造経費は間接部門には分配せず、各現場に直接分配する。

　この間接部門の費用と製造経費を、各現場の直接時間、もしくは直接製造費用のいずれかに比例して分配します。

・直接製造費用に比例して分配

・直接製造時間に比例して分配（人・設備）

　設備の直接製造時間に比例して分配する場合、設備がない現場は人の時間を使用します。人の直接製造時間に比例して分配する場合、無人で加工する設備の現場は設備の時間を使用します。（**図 6-4**）

　ただし、特定の現場で多く消費している費用があれば、その現場固有の費用とします。

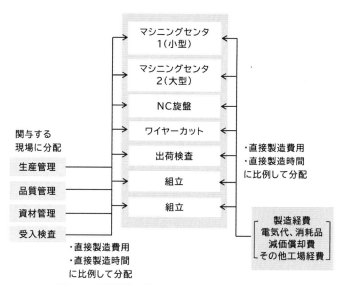

図6-2　間接製造費用の分配（**図2-11 の再掲**）

　直接製造**費用**に比例して分配する場合、各現場の直接製造**費用**を計算し、直接製造費用の大きい現場には、間接製造費用を多く分配します。直接製造費用が大きい現場は生み出す付加価値が高くたくさん稼ぐはずです。たくさん稼ぐ現場には、間接製造費用をたくさん負担してもらうという考え方です。

　直接製造**時間**に比例して分配する場合、各現場の直接製造**時間**を合計し現場毎の直接製造時間の比率を計算します。直接製造時間の大きい現場に間接製造費用を多く分配します。直接製造時間が大きい現場は工場の資源（リソース）を多く使用し、生み出す付加価値も高いと考えます。その分間接製造費用をたくさん負担してもらう考えです。

　どちらの分配ルールを採用するかで現場毎のアワーレートは変わります。しかしどちらが正解ということはないので、自社に合った方法を選択します。

アワーレート間（人）、アワーレート間（設備）は式 2-8、式 2-9 より

アワーレート間（人）

$$= \frac{\text{人の年間製造費用合計} + \text{間接製造費用分配}}{\text{直接作業者の稼働時間合計}} \quad -（\text{式 2-8}）$$

アワーレート間（設備）

$$= \frac{\text{設備の年間製造費用合計} + \text{間接製造費用分配}}{\text{直接設備の稼働時間合計}} \quad -（\text{式 2-9}）$$

人の年間費用合計は、その現場の直接作業者と間接作業者の人件費の合計です。従って

アワーレート間（人）

$$= \frac{\text{直接作業者人件費合計} + \text{間接作業者人件費合計} + \boxed{\text{間接製造費用分配}}}{\text{直接作業者の稼働時間合計}}$$

$$-（\text{式 6-1}）$$

また設備の年間費用合計は、その現場の直接製造設備の費用と間接製造設備の費用の合計です。従って

アワーレート間（設備）

$$= \frac{\text{直接製造設備費用合計} + \text{間接製造設備費用合計} + \boxed{\text{間接製造費用分配}}}{\text{直接製造設備の稼働時間合計}}$$

$$-（\text{式 6-2}）$$

A 社マシニングセンタ 1（小型）の現場の例を**図 6-5** に示します。

アワーレート間(人)　3,360円/時間
図6-5　間接製造費用を含んだアワーレート（人）

　A社は直接製造費用に比例して間接製造費用を分配しました。その結果、マシニングセンタ1（小型）の人の現場の間接製造費用の分配は580万円でした。

アワーレート間（人）

$$= \frac{直接作業者人件費合計＋間接作業者人件費合計＋間接製造費用分配}{直接作業者の稼働時間合計}$$

$$= \frac{(1{,}672 \times 10^4 + 115.2 \times 10^4 + 580 \times 10^4)}{7{,}040}$$

$$= 3{,}363 \fallingdotseq 3{,}360 \, 円/時間$$

マシニングセンタ1（小型）の現場は

　アワーレート（人）　：2,540円/時間

　アワーレート間（人）：3,360円/時間

　この現場の間接製造費用を含んだアワーレート（設備）を**図6-6**に示します。

直接製造設備
マシニングセンタ
4台

実際の償却費計　140万円×4
ランニングコスト　18.4万円×4
稼働時間計　7,040時間

アワーレート（設備）　900円/時間

間接部門人件費

製造経費

間接製造費用計　580万円

アワーレート間（設備）　1,720円/時間

図6-6　間接製造費用を含んだアワーレート（設備）

　マシニングセンタ1（小型）の設備の現場の間接製造費用分配は
580万円でした。

アワーレート間（設備）

$$= \frac{\text{直接製造設備費用合計} + \text{間接製造設備費用合計} + \text{間接製造費用分配}}{\text{直接製造設備の稼働時間合計}}$$

$$= \frac{((140+18.4) \times 10^4 + 0 + \overset{\text{間接製造費用分配}}{\boxed{580} \times 10^4})}{2,200 \times 0.8 \times 4}$$

$$= 1724 \fallingdotseq 1720 \text{ 円} / \text{時間}$$

マシニングセンタ1（小型）の現場
　アワーレート（設備）　：900円/時間
　アワーレート間（設備）：1,720円/時間

5節　販管費とは

1）製造原価と販管費の違い

工場で発生する費用のうち、製造に直接関係する費用は製造原価、

営業、経理、総務など製造に直接関係しない費用は販管費です。製造原価と販管費を**図6-7**に示します。

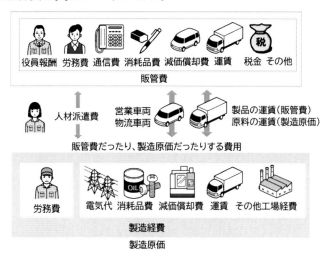

図6-7　製造原価と販管費

　直接製造に関係しないといっても、経理や総務の業務の多くは工場の人員や工場で発生する費用に関する業務です。総務や経理の活動がなくては工場は運営できません。従って販管費も工場には不可欠な費用なのです。

　ある費用を製造原価に計上するか、販管費に計上するかは、経理や会計事務所によって変わります。例えば、製品を輸送する運賃、原料の輸入に係る費用、工場の人材派遣費用が販管費になっていることもあります。

　近年は管理業務が増加し、多くの中小企業で販管費は増え、売上高の10〜30%にもなります。「中小企業実態調査に基づく経営・原価指標（平成21年度発行）」によれば、製造業、卸売業、小売業の販管費は**表6-1**のようになっています。

表6-1　中小企業の販管費と利益率　　　　単位：%

	製造業平均	卸売業平均	小売業平均
販管費	18.1	14.2	29.7
利益率	3.3	1.4	0.4

出典　平成21年度発行「中小企業実態調査に基づく経営・原価指標」

　この販管費も工場には不可欠な費用です。見積には必ず販管費も含めます。見積金額は第2章から以下の式で計算します。

　販管費込み原価＝製造原価＋販管費　－（式2-15）
　見積金額＝販管費込み原価＋目標営業利益　－（式2-17）

2）製品毎の販管費の計算

　製品1個の販管費はどうやって計算すればよいでしょうか？
　製品1個つくるのに販管費がどのくらい発生するのか、これは正確にはわかりません。最も簡単な方法は、製造原価に一定の比率（販管費レート）をかけて計算することです。この比率は、先期の決算書の製造原価と販管費から計算します。

　販管費は第2章から

　販管費＝製造原価×販管費レート－（式2-14）

　販管費レートは以下の式で計算します。

$$販管費レート = \frac{決算書の販管費}{決算書の製造原価}　－（式6-3）$$

A社の場合
製造原価　3億960万円　販管費　7,700万円

$$販管費レート = \frac{7,700}{30,960}$$
$$= 0.249 = 25\%$$

120

　A社の売上高に対する販管費の比率は

$$売上高に対する販管費の比率 = \frac{7,700}{40,000} = 0.193 = 19\%$$

　顧客から「製造費用は、人や設備が社内で稼働するから管理費が発生するのはわかるが、材料費は購入するだけなのに同じ販管費なのはおかしい」と言われることがあります。あるいは見積には「材料費に販管費は入れない」と規定している顧客もあります。

　しかし第2章で示したように小売業でも販管費はあります。商品を仕入れして売るだけでも経費はかかります。そしてA社は、先期は製造原価に対し25%の販管費が発生したのは事実です。この販管費も見積に入れなければ赤字になってしまいます。

　顧客が「材料費に販管費は入れない」としている場合は、販管費は顧客が認める金額にして、その分、製造原価を膨らませます。

6節　輸送費は販管費に含めるべきかどうか？

　製品を客先に運ぶ輸送費は製造した時点では発生しません。輸送費は製品を販売した時点でようやく発生します。そのため販管費です。輸送費が製品や客先によって変わる場合、輸送費は**製造原価と別に見積に記載します**。そして販管費レートを計算する際は、販管費の合計から輸送費を除外します。（**図6-8**）

a. 輸送費を販管費に含めた場合

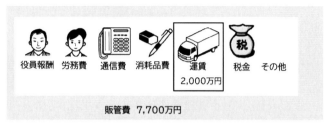

$$販管費レート = \frac{7,700}{30,960} = 0.249 \fallingdotseq 25\%$$

b. 輸送費を販管費と別にした場合

個別に見積に入れる

$$販管費レート = \frac{5,700}{30,960} = 0.184 \fallingdotseq 18\%$$

図 6-8　輸送費の計算

　図 6-8 b は、製品の輸送費 2,000 万円を個々の製品の見積に入れました。その分、販管費は 2,000 万円少なくなり 5,700 万円になりました。その結果、販管費レートは、25% から 18% に減少しました。

7節　利益はどうやって決めたらいいのだろうか？

　見積金額はいくらになるでしょうか？
　見積金額を計算する際は目標利益を決めます。これは、各社それぞれの考え方があるので「これが正しい」という方法はありません。例として今期の目標利益から決める方法を紹介します。

今期の目標売上高と目標利益から目標営業利益率を計算します。

$$目標営業利益率 = \frac{目標営業利益}{目標売上高} \quad -（式6\text{-}4）$$

先に目標営業利益率が決まっている場合は、以下の式で目標利益を計算します。

目標利益＝目標売上高×目標営業利益率　-（式6-5）

見積を計算する際は、販管費込み原価から目標営業利益を計算します。そこで、売上高営業利益率から、販管費込み原価に対する利益率（販管費込み原価利益率）を計算します。これは以下の式で計算します。

$$販管費込み原価利益率 = \frac{目標営業利益率}{1-目標営業利益率} \quad -（式6\text{-}6）$$

A社の例を**図6-9**に示します。

図6-9　目標利益の計算例

A社の先期の売上高営業利益率は

$$先期の営業利益率 = \frac{営業利益}{売上高}$$
$$= \frac{1,340}{40,000}$$
$$= 0.0335 ≒ 3\%$$

受注時に値引きが予想される場合、値引きの分、見積を高くします。A社は値引きを考慮して営業利益率の目標を8%にしました。（**図6-10**）

123

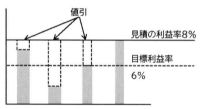

図 6-10　値引きを考慮した目標利益

目標営業利益率が 8% の場合、販管費込み原価利益率は

$$販管費込み原価利益率 = \frac{目標営業利益率}{1 - 目標営業利益率}$$

$$= \frac{0.08}{1 - 0.08} = 0.087 ≒ 8.7\%$$

従って販管費込み原価に 8.7% をかけて目標利益を計算します。

8節　なぜ粗利で値決めしてはいけないのか？

製造原価、販管費、目標利益から見積金額を計算します。A1 製品は**図 6-11** のようになりました。

図 6-11　製造原価、販管費と利益

見積金額＝販管費込み原価＋目標利益
　　　　　＝ 950 ＋ 80
　　　　　＝ 1,030 円

　見積金額 1,030 円に対し、

　受注金額：1,000 円

　利益　　：50 円

でした。もし受注金額が 900 円の場合、

　利益　　：0 円

　販管費　：▲ 50 円

これが続けば会社が赤字になるので何とかしなくてはなりません。

「販管費を計算しなくても、製造原価から一定の比率で粗利を計算し、見積金額を決めればいいのではないか」こういった考えもあります。しかし、そうすると本当の利益がいくらかわからなくなります。

このやり方だと**図 6-12**　A1 製品の場合

　製造原価：760 円

　粗利　　：270 円

　見積金額：1,030 円

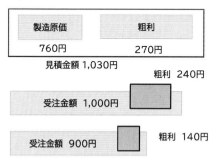

図 6-12　製造原価と粗利の場合

1,000 円で受注した場合

　粗利：240 円

900 円で受注した場合

粗利：140 円

販管費込み原価は 950 円なので、900 円の受注は販管費がマイナスの赤字です。しかし粗利しか見ていなければ赤字に気づきません。

製造業の利益率は高くありません。販管費も原価と考え、それでも利益が出るように受注しなければ利益を出すことは困難です。

9節 もっと簡単に計算できないか？より簡便な方法

ここまでは現場毎にアワーレートを計算しました。その理由は現場毎に人の費用、設備の費用が異なるからです。もし現場毎に人の費用、設備の費用に違いがなければ、どうなるのでしょうか。

図6-13 に示すように、現場毎に違いがなければ、「労務費＋製造経費」の合計を全体の稼働時間で割ればアワーレートを計算できます。**図6-13** に各現場のアワーレート（人＋設備）と、全現場の平均アワーレート（人＋設備）を示します。

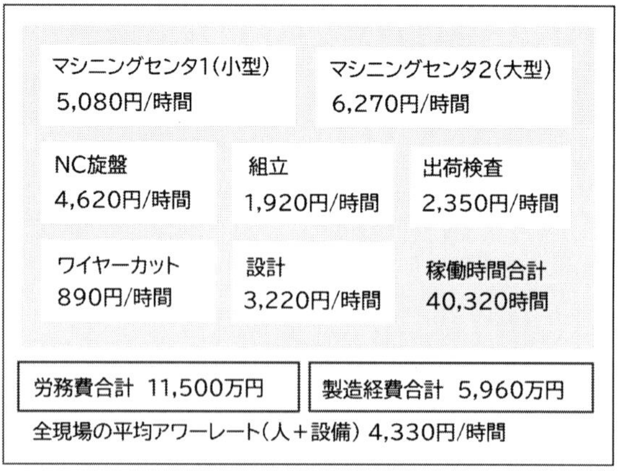

マシニングセンタ1(小型) 5,080円/時間	マシニングセンタ2(大型) 6,270円/時間	
NC旋盤 4,620円/時間	組立 1,920円/時間	出荷検査 2,350円/時間
ワイヤーカット 890円/時間	設計 3,220円/時間	稼働時間合計 40,320時間

労務費合計 11,500万円　　製造経費合計 5,960万円

全現場の平均アワーレート（人＋設備）4,330円/時間

図6-13　現場ごとに費用に違いがない場合

現場毎のアワーレート（人＋設備）は**図6-13** に示すように

マシニングセンタ1（小型）：5,080 円 / 時間

　　　出荷検査（人のみ）：2,350 円 / 時間
　　　全現場の平均　　　：4,330 円 / 時間
　平均アワーレート（人＋設備）は、すべての現場の労務費と製造経費を合計し、それをすべての現場の稼働時間の合計で割ったものです（この場合常に設備と人が同時に作業することが条件です。設備が無人で加工したり、設備がなく人だけの現場の場合、誤差が大きくなります。A 社は無人加工があるため本当は当てはまりません）。
　A 社の場合、
　　　人の費用（決算書の労務費合計）　　　　　　　　：10,500 万円
　　　間接製造費用と設備の費用の合計（製造経費合計）：5,960 万円
　　　直接作業者の稼働時間（就業時間×稼働率）の合計：40,320 時間

$$全体の平均アワーレート（人＋設備）＝\frac{労務費合計＋製造経費合計}{稼働時間合計}$$

$$＝\frac{(11,500＋5,960) \times 10^4}{40,320}$$

$$＝4,330 円 / 時間$$

　この平均アワーレート（人＋設備）を使って A1 製品の原価を計算します。
　　　材料費　：330 円
　　　外注費　：50 円
　　　製造時間：0.075 時間

　製造費用＝アワーレート（人＋設備）×製造時間　–（式 2-12）
　　　　　＝4,330 × 0.075
　　　　　＝325 ≒ 330 円
　製造原価＝材料費＋外注費＋製造費用 –（式 2-13）
　　　　　＝330 ＋ 50 ＋ 330
　　　　　＝710 円

販管費レート：0.25

目標利益率　：0.087

販管費＝製造原価×販管費レート　－（式 2-14）

　　　＝ 710 × 0.25

　　　＝ 178 ≒ 180 円

販管費込み原価＝製造原価＋販管費　－（式 2-15）

　　　　　　　＝ 710 ＋ 180

　　　　　　　＝ 890 円

目標利益＝販管費込み原価×販管費込み原価利益率　－（式 2-16）

　　　　＝ 890 × 0.087

　　　　＝ 77 ≒ 80 円

見積金額＝販管費込み原価＋目標利益　－（式 2-17）

　　　　＝ 890 ＋ 80

　　　　＝ 970 円

第 2 章の見積金額 1,030 円に対し 60 円マイナスしました。

その原因は、

- 組立や出荷検査にはパート社員がいて人件費が低い
- これらの現場は設備を使用しないため、平均すると全体のアワーレートが低くなった

もし、どの製品も「製造原価に占める材料費・外注費の比率が同じ」であれば、材料費・外注費も含めた現場全体の平均アワーレートが計算できます。

$$全現場の平均アワーレート（人＋設備）＝\frac{材料費＋外注費＋労務費＋製造経費}{稼働時間合計}$$

製造原価＝現場全体の平均アワーレート×製造時間

販管費＝製造原価×販管費レート　－（式 2-14）

この式から販管費込み原価は

販管費込み原価＝製造原価＋販管費　－（式2-15）
　　　　　　　　＝製造原価＋製造原価×販管費レート
　　　　　　　　＝製造原価×（1＋販管費レート）
目標利益＝販管費込み原価×販管費込み原価利益率　－（式2-16）
見積金額は

見積金額＝販管費込み原価＋目標利益　－（式2-17）
　　　　＝販管費込み原価＋販管費込み原価×販管費込み原価利益率
　　　　＝販管費込み原価×（1＋販管費込み原価利益率）

販管費込み原価は、製造原価×（1＋販管費レート）なので

見積金額
＝製造原価×（1＋販管費レート）×（1＋販管費込み原価利益率）
＝アワーレート×製造時間×(1＋販管費レート)×(1＋販管費込み原価利益率)

このように「製造原価に占める材料費・外注費の割合に差がない」
のであれば、製造時間から見積金額を直接計算できます。
　A社の場合

全現場の平均アワーレート（人＋設備）

$$= \frac{材料費＋外注費＋労務費＋製造経費}{稼働時間合計}$$

$$= \frac{(10,500 ＋ 3,000 ＋ 11,500 ＋ 5,960) \times 10^4}{40,320}$$

$$= 7,680 円 / 時間$$

製造時間	：0.075 時間
販管費レート	：0.25
販管費込み原価利益率	：0.087

見積金額

＝アワーレート×製造時間×（1＋販管費レート）×（1＋目標利益率）

＝ 7,680 × 0.075 ×（1＋ 0.25）×（1＋ 0.087）

＝ 783 ≒ 780 円

　この例では、製造原価に対する A1 製品の材料費・外注費の比率が決算書と異なっているため、見積金額に乖離が生じました。もし、製造原価に対する材料費・外注費の比率がどの製品も同じであれば結果は同じになります。

10節 製造時間の問題

　このように計算すれば見積金額が計算できます。一方、実務で問題になるのは正確な製造時間がわからないことです。

　見積をつくる時は、まだつくったことがない製品の製造時間を出さなくてはなりません。これには**図 6-14** に示す方法があります。

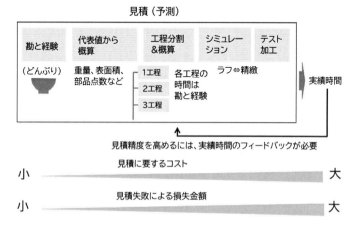

図 6-14　製造時間の見積方法と見積に要するコスト

130

① 勘と経験で決定 (全体の時間をどんぶりで決める)
② 重量、表面積などの代表値から過去の経験を元に概算する
③ 実際の製造工程に分割し、各工程の時間は勘と経験から概算
④ プログラムをつくって各工程の時間をシミュレーションする
　 (シミュレーションの精度は、ラフなものから精緻なものまで
　 様々)
⑤ 実際にテスト加工してみて時間を測定

　①から⑤に向かうに従い、製造時間の見積もりに時間とコストがかかります。1 回しかつくらず、つくるのに 1 時間もかからない製品の時間を見積もるのに 1 時間もかけては本末転倒です。
　一方、一度受注すれば量産が何年も続く製品では、1 円安く受注するだけで利益は大きく変わります。その場合は時間をかけてできるだけ正確な時間を見積もります。
　見積に要するコストと、見積の誤差による損失を比較し、自社に合った方法を採ります。
　重要なのは、受注した後、実績時間を調べて見積の時間と比較することです。そして見積と実績に乖離があれば、見積時間の出し方を修正します。これを継続すれば、例え勘と経験にする方法でも精度を高めることができます。

　この具体的な原価計算については第 7 章で説明します。

11節 まとめ

- 現場の管理者の費用は、管理者が管理している現場に分配
- 生産管理など工場の間接部門の費用は、製造経費と共に間接製造費用として各現場に分配
- 間接製造費用の分配方法は、
  (1) 各現場の直接製造費用に比例して分配
  (2) 各現場の直接製造時間 (人、設備) に比例して分配
- 設計や検査が直接か間接かどうかは、その費用が見積に含まれるかどうかで判断
- 製造時間の見積もりにかける手間は、製造時間の見積もりにかかる費用と見積の誤差による損失の大きさから判断

アワーレート間 (人)

$$= \frac{\text{直接作業者人件費合計} + \text{間接作業者人件費合計} + \boxed{\text{間接製造費用分配}}}{\text{直接作業者の稼働時間合計}}$$

－（ 式 6-1 ）

アワーレート間 (設備)

$$= \frac{\text{直接製造設備費用合計} + \text{間接製造設備費用合計} + \boxed{\text{間接製造費用分配}}}{\text{直接製造設備の稼働時間合計}}$$

－（ 式 6-2 ）

$$\text{販管費レート} = \frac{\text{決算書の販管費}}{\text{決算書の製造原価}} \quad －（ 式 6\text{-}3 ）$$

$$\text{目標営業利益率} = \frac{\text{目標営業利益}}{\text{目標売上高}} \quad －（ 式 6\text{-}4 ）$$

$$\text{目標利益} = \text{目標売上高} \times \text{目標営業利益率} \quad －（ 式 6\text{-}5 ）$$

$$\text{販管費込み原価利益率} = \frac{\text{目標営業利益率}}{1 - \text{目標営業利益率}} \quad －（ 式 6\text{-}6 ）$$

12節 利益まっくすの場合

① 間接部門の費用をどの現場が負担するか、「現場情報入力画面」
で設定します。

【現場情報確認画面】

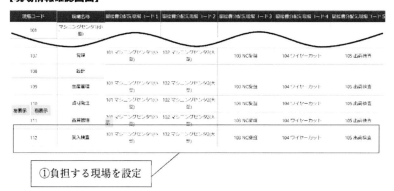

①負担する現場を設定

② 販管費レートは、製造原価と販管費から自動的に計算します。
結果は販管費レート入力画面で確認できます。

【販管費レート入力画面】

事業部	販管費調整	販管費レート(材料・外注費)	販管費レート(製造費用)	販管費レート(平均)
1 製造部	0.50	12.4	34.5	24.9

②販管費レート

③ 目標利益率は、利益率入力画面で設定します。例では先期の営業利益率が 3.3% だったので、目標利益率は 8% としました。
販管費込み原価に対する利益率（画面では「見積原価利益率」）は自動的に計算されます。

【利益率入力画面】

事業部	営業利益率	目標営業利益率	全体目標営業利益率	見積原価利益率	材料費合計
1 製造部	0.033	0.080 編集	0.080	0.087	105,000,000
					105,000,000

③8%を入力 / 自動計算

	製造費用			製造原価	販売費	営業利益
	30,000,000	174,675,861	309,675,861	400,000,000	309,675,861	77,000,000	13,324,139
	30,000,000	165,024,000	309,675,861	400,000,000	309,675,861	77,000,000	22,976,000

④ 見積計算（見積結果確認）の画面で、製造原価に対する販管費、目標利益が表示されます。

【見積計算（見積結果確認）画面】

【加工費】内製

④製造費用

現場	段取時間(人)（時）	加工時間(人)（時）	段取時間(設備)（時）	加工時間(設備)（時）	製造費用
101 マシニングセンタ1(小型)	0.500000	0.070000	0.500000	0.070000	381.46

【加工費】外注

加工順	発注先コード	発注先名	発注単価
2	1	外注費	50.00

【見積金額】1個当たり　目標見積原価利益率　1.製造部：0.087　1.販管費レート（全体）

材料費	製造費	製造原価	販管費（全体）	目標利益	見積金額	受注金額	差
330.00	381.46	761.46	189.60	82.74	1,033.80	1,000.00	-33.80

④製造原価、販管費、目標利益、見積金額、受注金額

コラム1
13節 大企業は工場原価と販売価格の違いに注意

　大企業の場合、自社の工場で製造した製品の原価を計算する際、販管費が「工場の販管費」のことがあります。

　図6-15では、A事業部のA1工場で製造した部品を、B事業部B1工場が使用します。この部品の費用がA事業部とB事業部の間で取引されます。この時、その部品の価格は、A1工場での製造原価とA1工場の販管費（又は管理費）を足したものです。このA1工場の販管費は工場のみの販管費のため低いことがあります。

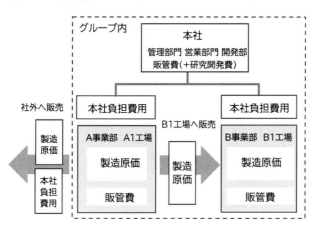

図6-15　工場原価と本社費用

　しかし、この部品を社外に販売する時は、A1工場の原価に加えて、本社部門の費用が加わります。なぜなら本社部門はお金を稼いでいないので、その費用は各事業部の売上で賄わなければならないからです。

　大企業ではこの本社負担費用は大きく、社外に販売する価格は事業部間で取引する価格よりもかなり高くなります。ところがA1工場で製造する部品を社外に販売することがなければ、A1工場の人は社外に販売する価格を知りません。そのため事業部間で取引する価格が部品の価格だと思ってしまいます。

しかし、この部品を外注に発注した場合、外注の見積には外注の販管費や利益が含まれています。これは自社でいえば本社負担費用も含んだ価格なのです。

個々の製品の原価計算

2章から6章までで、アワーレート（人）、アワーレート（設備）、間接製造費用の分配、販管費の計算方法、目標利益の計算方法を説明しました。第7章は、これらを使って個々の製品の原価計算を説明します。

1節 材料費と外注費

材料費と外注費の概要は2章で説明しました。

材料費は一般的には原材料のみ計算します。材料費の計算は

材料費＝単価×使用量　－（式2-1）

材料費で注意が必要なのは、取り代や端材、材料ロスにより、なくなる材料があることです。そこで材料ロス率を考慮した場合、

材料費＝材料単価×使用量×（1＋材料ロス率）－（式7-1）

材料費の計算例を**図7-1**に示します。

a. 重量単価で計算（切削の例）

b. 重量単価で計算（樹脂の例）

図 7-1　材料費の計算（重量単価）

　鋼材の場合、製品寸法に対し、取り代を加味して材料寸法を計算します。この材料寸法から材料重量を計算します。**図 7-1a** の鋼材は、材料重量は 1kg でした。単価は 300 円 /kg なので、材料費は 300 円でした。

　図 7-1b の樹脂原料の場合、投入した材料はすべて製品になりません。設備や金型に付着したり、ランナー（金型内の樹脂の経路に残る樹脂）として廃棄されるからです。そこで一定のロス率を見込んで材料費を計算します。**図 7-1b** の例では、製品重量は 0.1kg、材料ロス率を 3% でした。従って材料重量は 0.103kg、材料費は 30.9 円でした。

　棒材のように定寸材を切断して使用する場合を**図 7-2** に示します。

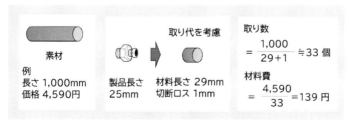

図 7-2　切断して使用する場合

切断して使用する場合、製品の長さから取り代を考慮した材料寸法を計算します。**図7-2** では長さは29mm でした。素材 1,000mm で何個取れるか、素材の長さを「材料寸法 + 切断ロス」で割って計算します。切断ロスが1mm の場合、素材 1,000mm から 33 個取ることができます。その結果、素材の価格を 33 個で割って材料費は 139 円でした。

外注加工費は、大抵は1個当たりの金額がはっきりしています。不明な場合は発注単価をロット数で割って計算します。(**図7-3**)

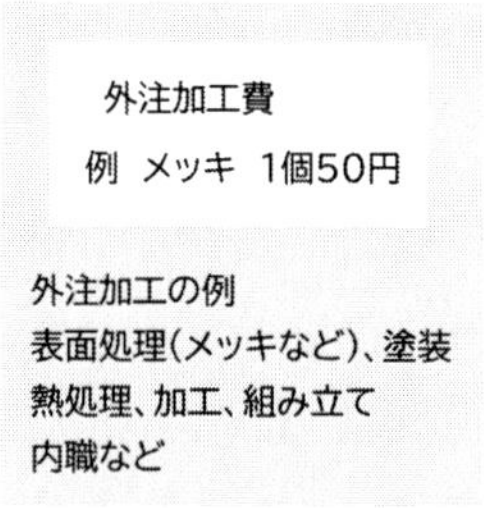

外注加工費
例 メッキ 1個50円

外注加工の例
表面処理(メッキなど)、塗装
熱処理、加工、組み立て
内職など

図7-3　外注加工の場合

2節 製造時間(段取時間と加工時間)

ロット生産の場合、段取費用も原価に入れます。大量生産で品種の切り替えが稀にしかなく段取費用が問題にならない場合は、段取費用は無視します。**図7-4** に製造時間の計算例を示します。

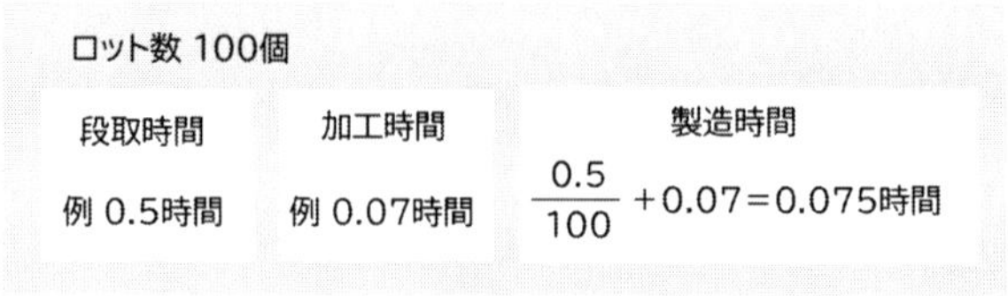

ロット数 100個

段取時間	加工時間	製造時間
例 0.5時間	例 0.07時間	$\frac{0.5}{100} + 0.07 = 0.075$時間

図7-4　製造時間の計算

$$1 \text{ 個の製造時間 } = \frac{1 \text{ 回の段取時間}}{\text{ロット数}} + \text{加工時間} \quad -(\text{式 2-5})$$

　1 個当たりの段取時間は、1 個の段取時間をロット数で割って計算します。

　製造時間は、1 個当たりの段取時間と 1 個の加工時間の合計です。

　時間の単位は、工場によって「時間」「分」「秒」など様々です。

　ロットが小さく、段取時間が長い場合、加工費用よりも段取費用の方が高くなります。

　A 社　A1 製品の場合

　　段取時間 : 0.5 時間

　　加工時間 : 0.07 時間

　　ロット 　: 100 個

$$\text{製造時間} = \frac{0.5}{100} + 0.07 = 0.075 \text{ 時間}$$

3節　製造費用の計算

1）間接製造費用の分配 1　簡便な方法

　A1 製品の製造はマシニングセンタ 1 (小型) の工程でした。この工程は作業者が常時設備を操作して製造します。そのため常に人と設備の費用が発生します。本書はこれを「有人加工」と呼びます。

　製造費用は、人の費用と設備の費用の合計です。**図 7-5** に有人加工の例を示します。

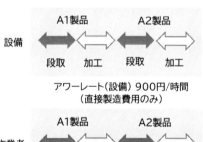

図 7-5　有人加工の例

A1 製品の製造費用を間接費レートを用いた方法で計算します。

A1 製品の直接製造費用

　アワーレート（設備）：900 円 / 時間

　アワーレート（人）　：2,380 円 / 時間

直接製造費用（人）＝製造時間（人）×アワーレート（人）–（式 2-2）
$$= 0.075 × 2,380$$
$$= 179 ≒ 180 円$$

直接製造費用（設備）＝製造時間（設備）×アワーレート（設備）–（式 2-3）
$$= 0.075 × 900$$
$$= 68 ≒ 70 円$$

直接製造費用＝直接製造費用（人）＋直接製造費用（設備）
$$= 180 + 70$$
$$= 250 円$$

　A 社の間接費レート：0.4

製造費用＝直接製造費用＋間接製造費用
$$=直接製造費用×（1＋間接費レート）–（式 2-7）$$
$$= 250 ×（1 + 0.4）$$
$$= 350 円$$

　間接費レートを使って計算した結果、A1 製品の製造費用は 350 円でした。

2）間接製造費用の分配 2　各現場に分配

　A1 製品の製造費用を、間接製造費用を各現場に分配して計算したアワーレート間を用いて計算します。

　　アワーレート間（設備）：1,720 円 / 時間
　　アワーレート間（人）　：3,360 円 / 時間

　アワーレート間（人＋設備）＝ 1,720 ＋ 3,360
　　　　　　　　　　　　　　＝ 5,080 円 / 時間

　有人加工の例を**図 7-6** に示します。

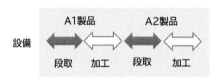

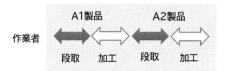

アワーレート間(人) 3,360円/時間
アワーレート間(人+設備) 5,080 円/時間

図 7-6　有人加工の例 2

　第 2 章　式 2-12 から

　製造費用＝アワーレート間（人＋設備）×製造時間 -（式 2-12）

　　　　　＝ 5,080 × 0.075

　　　　　＝ 381 ≒ 380 円

有人加工の場合、アワーレートはアワーレート間（設備）とアワーレート間（人）の合計です。Ａ社 マシニングセンタ１（小型）は5,080円でした。

　製造時間は0.075時間なので、製造費用は380円でした。

4節 人が製造する場合と 設備が無人で製造する場合

1）有人加工（人のみ）の場合

　有人加工でも設備がなければ人の費用のみです。Ａ社の組立現場は、人だけで設備はありません。これを**図7-7**に示します。

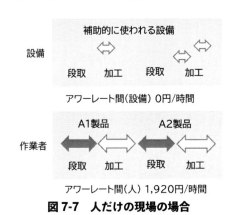

図7-7　人だけの現場の場合

　図7-7の組立現場は、補助的に使われる設備のみで、付加価値を生むのは作業者です。組立の現場はパート社員が多いため、アワーレート間（人）は1,920円/時間と低くなっています。

　A2製品の組立工程の計算を以下に示します。
　　段取時間：0時間
　　加工時間：0.1時間
　　ロット　：100個

$$製造時間 = \frac{0}{100} + 0.1 = 0.1\ 時間$$

アワーレート間（設備）：0 円 / 時間

アワーレート間（人）　：1,920 円 / 時間

製造費用＝アワーレート間（人）× 製造時間

$$= 1,920 \times 0.1$$

$$= 192 \fallingdotseq 190\ 円$$

アワーレート間（人）は 1,920 円 / 時間、段取はなく、加工時間は 0.1 時間でした。その結果、製造費用は 190 円でした。

2）無人加工の場合

設備の中には、起動ボタンを押せばあとは自動で製造する設備（無人加工）があります。この場合、製造費用は設備の費用のみです。これを**図 7-8** に示します。

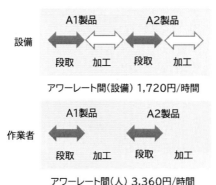

図 7-8　無人加工の場合

無人加工でも段取は人と設備の費用が両方発生します。従って段取のアワーレートは、アワーレート間（設備）とアワーレート間（人）の合計です。

しかし加工は設備の費用のみです。そこで無人加工の A1 製品の製

造費用を以下に示します。

- 段取時間　　　　　　　：0.5 時間
- ロット　　　　　　　　：100 個
- 1 個の段取時間　　　　：0.005 時間
- 加工時間　　　　　　　：0.07 時間
- アワーレート間（設備）：1,720 円 / 時間
- アワーレート間（人）　：3,360 円 / 時間

アワーレート間（人＋設備）＝ 1,720 ＋ 3,360
$$= 5,080 円 / 時間$$

段取費用＝アワーレート間（人＋設備）×段取時間
$$= 5,080 × 0.005$$
$$= 25 円$$

加工費用＝アワーレート間（設備）×加工時間
$$= 1,720 × 0.07$$
$$= 120 円$$

製造費用＝段取費用＋加工費用
$$= 25 ＋ 120$$
$$= 145 ≒ 150 円$$

　段取時間 0.005 時間、アワーレート 5,080 円 / 時間から、段取費用は 25 円でした。

　加工は設備の費用のみなので、加工費用は加工時間 0.07 時間にアワーレート（設備）1,720 円 / 時間をかけた 120 円でした。有人加工の場合の製造費用は（3 節 2)より）380 円だったので、製造費用は約1/3 になりました。

　ただし、無人加工中作業者の費用がゼロになるには、作業者は起動ボタンを押した後、他の現場で生産（お金を稼ぐ仕事）をしなければなりません。起動ボタンを押した後もその現場にとどまり、品質確認

をしたり次の生産準備をしたりといった間接的な仕事をしていれば、その間も人の費用が生じています。その場合、原価は有人加工と同じです。

3）2 台持ちの場合

加工中、作業者がワークの着脱のみを行う場合、1 人の作業者が複数の設備を受け持ち、順にワークの着脱を行うことがあります。これを多台持ちと呼びます。2 台受け持つ場合は 2 台持ちです。

2 台持ちの場合、1 台当たりの作業者の費用は 1/2 になります。この 2 台持ちを**図 7-9** に示します。

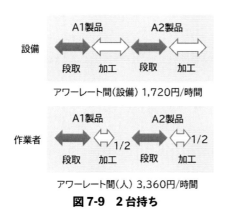

図 7-9　2 台持ち

2 台持ちの人の加工費用を計算する際は、人の加工時間を 1/2 にします。

段取時間	：0.5 時間
ロット	：100 個
1 個の段取時間	：0.005 時間
加工時間	：0.07 時間
アワーレート間（設備）	：1,720 円 / 時間
アワーレート間（人）	：3,360 円 / 時間

アワーレート間（人＋設備）＝ 1,720 ＋ 3,360
$$= 5,080 \text{ 円 / 時間}$$
段取費用＝アワーレート間（人＋設備）×段取時間
$$= 5,080 \times 0.005$$
$$= 25 \text{ 円}$$
加工費用（設備）＝アワーレート間（設備）×加工時間
$$= 1,720 \times 0.07$$
$$= 120 \text{ 円}$$
加工費用（人）＝アワーレート間（人）× $\dfrac{\text{加工時間}}{\text{持ち台数}}$

$$= 3,360 \times \dfrac{0.07}{2}$$
$$= 118 \text{ 円} ≒ 120 \text{ 円}$$

製造費用＝段取費用＋加工費用
$$= 25 ＋ 120 ＋ 120$$
$$= 265 ≒ 270 \text{ 円}$$

製造費用を比較すると
　有人加工：380 円
　2 台持ち：270 円
　無人加工：150 円
となり、加工費用は
　2 台持ち：無人加工の 1.8 倍
　有人加工：無人加工の 2.5 倍
になりました。

5_節　工程別の原価計算

　複数の工程がある場合は、工程毎に製造費用を計算します。

　A 2 製品は、マシニングセンタ 1 (小型)、NC 旋盤、組立の工程がありました。

　1 工程のマシニングセンタ 1 (小型) の製造費用を**図 7-10** に示します。

1工程　マシニングセンタ1(小型)

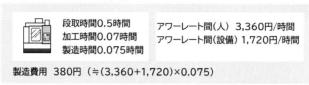

段取時間0.5時間
加工時間0.07時間
製造時間0.075時間

アワーレート間(人)　3,360円/時間
アワーレート間(設備)　1,720円/時間

製造費用　380円（≒(3,360+1,720)×0.075）

図 7-10　工程 1 マシニングセンタ 1 (小型) の製造費用

　マシニングセンタ 1 (小型) は、人と設備の費用が発生するため、アワーレートはアワーレート間 (人) とアワーレート間 (設備) の合計になります。

　2 工程の NC 旋盤の製造費用を**図 7-11** に示します。

2工程　NC旋盤

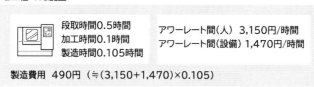

段取時間0.5時間
加工時間0.1時間
製造時間0.105時間

アワーレート間(人)　3,150円/時間
アワーレート間(設備)　1,470円/時間

製造費用　490円（≒(3,150+1,470)×0.105）

図 7-11　工程 2 NC 旋盤工程の製造費用

　NC 旋盤も人と設備の費用が発生するため、アワーレートはアワーレート間 (人) とアワーレート間 (設備) の合計になります。

　3 工程の組立の製造費用を**図 7-12** に示します。

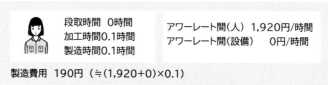

段取時間 0時間
加工時間0.1時間
製造時間0.1時間

アワーレート間(人) 1,920円/時間
アワーレート間(設備)　0円/時間

製造費用 190円 (≒(1,920+0)×0.1)

図7-12　工程3 組立の製造費用

各工程の費用と材料費、外注費、製造原価を**図7-13**に示します。

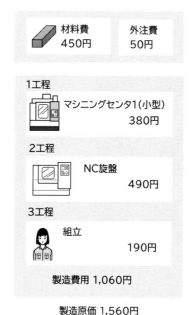

材料費
450円

外注費
50円

1工程
マシニングセンタ1(小型)
380円

2工程
NC旋盤
490円

3工程
組立
190円

製造費用 1,060円

製造原価 1,560円

図7-13　材料費、外注費と製造原価

材料費、外注費合計：500円
製造費用合計　　　：1,060円
従って製造原価は1,560円でした。

6節　販管費、目標利益、見積金額

販管費は、製造原価に販管費レートをかけて計算します。A2 製品の

　　製造原価　　：1,560 円
　　販管費レート：25%

でした。販管費を**図 7-14** に示します。

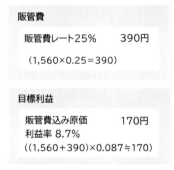

図 7-14　販管費と目標利益

販管費は 390 円でした。

販管費込み原価＝製造原価＋販管費　–（式 2-15）
　　　　　　　＝ 1,560 ＋ 390
　　　　　　　＝ 1,950 円

　目標利益率：8.7%

目標利益＝販管費込み原価×販管費込み原価利益率　–（式 2-16）
　　　　＝ 1,950 × 0.087
　　　　＝170 円

見積金額＝販管費込み原価＋目標利益　–（式 2-17）
　　　　＝ 1,950 ＋ 170
　　　　＝ 2,120 円

7節 この原価計算は合っているのか？「検算」

　本書のアワーレート間（人）、アワーレート間（設備）は、先期の決算書の費用から計算しました。従って、今期も先期と同等の就業時間、稼働率であれば、先期と同じお金を稼いでいるはずです。そして、今期受注した各製品の人の費用、設備の費用、販管費を年間で合計すれば、今期の決算書の費用に近い金額になるはずです（今期の費用が先期と大きく変わらなければですが）。そこから原価計算の結果を検算することができます。

　図7-15に決算書から実績原価の把握まで、本書で説明した原価計算の流れを示します。

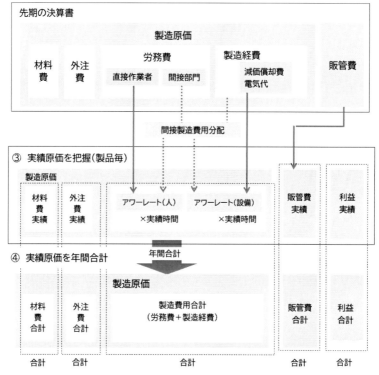

図7-15　原価計算の流れ

① 　アワーレート間（人）、アワーレート間（設備）、販管費レートを先期の決算書を元に計算

② 　このアワーレートから個々の受注の見積金額を計算

③ 　受注後、実績時間を記録し、実績原価と実際の利益を受注毎に計算

④ 　受注毎の材料費、外注費、製造費用、販管費、利益の実績値を年間で合計

　④で年間の材料費、外注費、製造費用、販管費を合計すれば、その結果は今期の決算書に近い金額になるはずです。ただし在庫が大きく増減すれば違いは大きくなります。

　金額が大きく違う場合、以下の問題が考えられます。

- 材料費、外注費の値上げ
- 材料ロスなど材料費の計算が合っていない
- 稼働率、就業時間が異なっている
- 人件費の計算が合っていない
- 人件費が上昇した。間接作業者の増員があった
- 光熱費など工場の経費の上昇
- 販管費が上昇した。あるいは販管費レートがあっていない

　このように原因を究明し、やり方を修正することで原価計算の精度を高めることができます。

8節 まとめ

材料費は、単価×使用量。材料ロス率を考慮する場合

材料費＝材料単価×使用量×（1＋材料ロス率）‐（式7-1）

- 無人加工の加工費用は、設備の費用のみ
- 2台持ちの人の加工費用は、加工時間を1/2にする
- 年間での実績原価を、材料費、外注費、製造費用、販管費、利益ごとに合計すれば、原価計算の検算ができる

9節　利益まっくすの場合

① 「見積原価計算」で材料を選択し使用量を入力します。

（材料単価は最大20個登録できます。）

【見積原価計算（材料入力）画面】

② 工程を選択し、人と設備の段取時間と加工時間を入力します。

人と設備の段取時間は同じ時間です。

【見積原価計算（時間入力）画面】

③ 2台持ちは、人の加工時間を 1/2 にします。

この例は NC 旋盤が 2 台持ちです。NC 旋盤の加工時間は設備の 1/2 です。

受注ID	品番	品名	顧客名1	顧客名2	納期	個数
1011 ◆	1011	A11製品			2023-09-23	100

③設備の 1/2

内製

加工順	部門課	現場	段取時間(人)（時)	加工時間(人)（時)	段取時間(設備)（時)	加工時間(設備)（時)
1	11 製造課	101 マシニングセンタ1(小型)	0.500000	0.060000	0.500000	0.060000
2	11 製造課	103 NC旋盤	0.500000	0.050000	0.500000	0.100000
3	11 製造課	106 組立	0.000000	0.000000	0.000000	0.100000

④ 「見積計算結果」で各工程の費用が表示されます。

一番下に材料費、製造費用、製造原価、販管費、目標利益、見積金額、受注金額、差が表示されます。

【見積原価計算（見積結果確認）画面】

【材料費】

材料コード	品名	型式	単価	数量	材料費
1013	S45C	S45C 6F 50×50×72	450.00		450.00

④製造費用

【加工費】内製

現場	段取時間(人)（時)	加工時間(人)（時)	段取時間(設備)（時)	加工時間(設備)（時)	製造費用
101 マシニングセンタ1(小型)	0.500000	0.070000	0.500000	0.070000	381.46
103 NC旋盤	0.500000	0.100000	0.500000	0.100000	485.10
106 組立	0.000000	0.100000	0.000000	0.100000	191.66

【加工費】外注

加工順
4

④製造費用、販管費、目標利益、見積金額、受注金額

【見積金額】1個当たり　目標見積原価利益率　1.製造部：0.087　1.販管費レート（全体）

材料費	製造費	製造原価	販管費（全体)	目標利益	見積金額	受注金額	差
450.00	1,058.22	1,558.22	388.00	169.32	2,115.54	2,000.00	-115.54

10節 コラム 製造時間 (正味時間と余裕率)

　見積の時点では製造実績はありません。見積は製造したことのない製品の段取時間と加工時間を計算しなければなりません。

　しかも計算した時間で実際に製造できるかというと、そうならないことも多いのです。なぜなら現場には様々な遅れがあるからです。この遅れを**図 7-16** に示します。

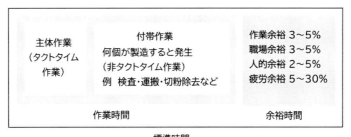

　　　　　　　　　　標準時間
図 7-16　作業時間と余裕時間

　図 7-16 では、1 個の製品の製造時間が「主体作業時間」です。ラインで生産する場合はラインのタクトタイムです。

　主体作業以外に、検査、運搬、切粉除去など、製品を何個かつくると生じる作業があります。これが「付帯作業」です。

　主体作業時間と付帯作業時間の合計を、そのロット数で割ったものが作業時間です。ただし現場によっては、主体作業時間に付帯作業時間を含んでいることがあります。

　しかもこの作業時間で 1 日生産を続けることはできません。それ以外の作業があったり、疲労によって作業ペースが落ちるからです。そこで余裕時間を見込みます。作業時間に余裕時間を加えたものが、1 個の製造時間です。大量生産では、これを標準時間とします。

　この余裕時間の内訳を**図 7-17** に示します。

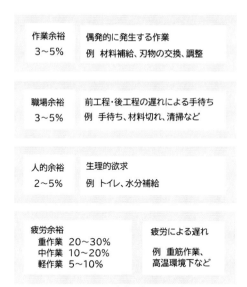

図 7-17　余裕時間の詳細

図 7-17 の中で、作業余裕、職場余裕は、作業時間の中の付帯作業と重複する部分があります。こういった作業が付帯作業時間となっている場合は、作業余裕、職場余裕はゼロにします。

疲労余裕は、作業のきつさにより変わります。ただし、重作業とは重い（例　25kg）ものを繰り返し持ち上げて運び、肉体を酷使するような作業です。

A1 製品の余裕時間を考慮した製造時間は以下のように計算します。

余裕率＝作業余裕＋職場余裕＋人的余裕＋疲労余裕

例
作業余裕：4%
職場余裕：4%
人的余裕：4%
疲労余裕：8%

余裕率＝ 4 ＋ 4 ＋ 4 ＋ 8 ＝ 20 ％

1 個の作業時間が 0.07 時間のとき

標準時間＝作業時間×（1＋余裕率）
　　　　＝ 0.07 ×（1＋ 0.2）
　　　　＝ 0.084 時間

　段取時間：0.5 時間
　ロット　：100

製造時間 ＝ $\dfrac{0.5}{100}$ ＋ 0.084

　　　　＝ 0.089 時間

　付帯作業を含めた A1 製品の作業時間は 0.07 時間でした。余裕率は 20%(0.2) のため、加工時間は 0.084 時間、段取時間を合わせた製造時間は 0.089 時間でした。

　ただし現場の目標時間は、この余裕時間を含めない正味の作業時間（主体作業時間）にします。なぜなら余裕時間が含まれていると、実績時間は常に目標時間を下回るからです。これでは「どうすればより時間を短くできるのか」といった改善の切り口が見えません。改善を進めるには、現状よりも厳しい目標を設定し、目標を達成できない点を見つけなければならないからです。

　一方、生産計画や見積の場合、正味の作業時間は短すぎます。正味の作業時間で生産計画を立てれば「達成できない計画」になります。同様に正味の作業時間で見積をつくれば、それは「達成できない金額」です。

あとがき

　ここまで読んでいただきありがとうございました。本書を読んでいただくことで、専門的な「原価計算」を少しでも身近に感じていただけたのではないかと思います。

　【実践編】は、この理論を使って、設備の大きさやロットの違い、段取時間短縮や検査費用・不良損失などを具体的な数字で考えます。よろしければご活用ください。

　本書の手法を使えば中小企業の実務で必要な
　・適切な見積計算
　・見積と実績原価の比較
　が最小のマンパワーで実現できます。

　ただし、無人加工・有人加工など様々な現場の構成があったり、間接部門費用の分配先が様々だと計算は複雑になります。
　これをエクセル等で構築するのは大変なため、こういった様々な状況に対応できる汎用アルゴリズムを開発しました。弊社でこれを元に安価で使いやすい原価計算システム「利益まっくす」を開発しました。
　設定は当社が行うため、お客様は導入後すぐに使うことができます。設定や打合せはオンラインでも可能で、すでに全国のお客様に活用いただいています。ご関心のある方は下記をご参照ください。
　https://ilink-corp.co.jp/riekimax.html

　本書に関してご意見・ご質問があれば、以下のアドレスにお気軽にお送りください。返信に時間がかかる場合もありますが、必ずご返答させていただきます。
　terui@ilink-corp.co.jp

巻末資料1　モデル企業（架空）の詳細

切削加工A社

① 設備で製造する現場
- マシニングセンタ1（小型）
- マシニングセンタ2（大型）
- NC旋盤
- ワイヤーカット放電加工機

② 人のみの現場
- 組立
- 出荷検査（検査費用は見積に入っている）
- 設計（設計費用は見積に入っている）

損　益　計　算　書

I 営　業　利　益
　　当期売上高　　　　　　400,000,000
　　売上値引戻り高　　　　　　　　　0　　　400,000,000
II 営　業　費　用
　　期首棚卸高　　　　　　　2,000,000
　　当期製造原価　　　　　309,649,583
　　合計　　　　　　　　　311,649,583
　　期末棚卸高　　　　　　　2,000,000　　　309,649,583
　　　　売上総利益　　　　　　　　　　　　　90,350,417
III 販売費および一般管理費
　　役員報酬　　　　　　　10,000,000
　　給与手当　　　　　　　17,000,000
　　法定福利費　　　　　　　4,000,000

　　減価償却費　　　　　　　2,000,000
　　支払手数料　　　　　　　3,000,000
　　リース料　　　　　　　　4,000,000
　　雑費　　　　　　　　　　4,000,000　　　77,000,000
　　　　営業利益　　　　　　　　　　　　　　13,350,417

製　造　原　価　報　告　書

I 材　料　費
　　期首材料棚卸高　　　　　3,000,000
　　材料仕入　　　　　　　105,000,000
　　　　材料費合計　　　　108,000,000
　　期末材料棚卸高　　　　　3,000,000　　　105,000,000
II 労　務　費
　　賃金　　　　　　　　　102,200,000
　　法定福利費　　　　　　12,824,000　　　115,024,000
III 外　注　費
　　外注加工費　　　　　　30,000,000　　　30,000,000
IV 製　造　経　費
　　電気代　　　　　　　　13,000,000
　　水道光熱費　　　　　　　1,000,000
　　修繕費　　　　　　　　　3,000,000

　　保守料　　　　　　　　　2,000,000
　　雑費　　　　　　　　　　3,000,000
　　減価償却費　　　　　　20,000,000　　　59,625,583

V 製　造　原　価
　　期首仕掛品棚卸高　　　　2,000,000
　　当期製造費用　　　　　309,649,583
　　期末仕掛品棚卸高　　　　2,000,000　　　309,649,583

索引

著者略歴

1962 年愛知県生まれ。豊田工業高等専門学校　機械工学科卒業。
産業機械メーカー((株)フジ)にて 24 年間、製品開発、品質保証、生産技術に従事。
2011 年退社、(株)アイリンクを設立し、決算書を元にアワーレートを計算する独自の手法で、中小・小規模企業に原価計算の仕組みづくりのコンサルティングを行う。
この手法を活用した「数人の会社から使える個別原価計算システム『利益まっくす』」を自社で開発、さらに原価計算に関する情報を経営コラム「中小企業の原価計算と見積」で発信している。詳細は下記を参照。

　https://ilink-corp.co.jp/

【新版】中小企業・小規模企業のための個別原価計算の手引書 - 基礎編 -

2023 年 11 月初版発行
2024 年 　8 月初版第四刷発行

著者　照井清一
定価　本体価格 2,000 円＋税
発行　株式会社アイリンク
　　　〒 444-0835 愛知県岡崎市城南町２丁目１３－４
　　　TEL　0564-77-6810
　　　URL　：　https://www.ilink-corp.co.jp
発売　株式会社三恵社
　　　〒 462-0056 愛知県名古屋市北区中丸町２－２４－１
　　　TEL　052-915-5211　FAX　052-915-5019
　　　URL　：　https://www.sankeisha.com/